ullstein

Das Buch

Als Mittelmanager ist Achtenmeyer Chef und Untergebener zugleich – und gerät in dieser Sandwich-Position regelmäßig zwischen die Fronten: Von seinem Vorgesetzten Dr. Karl wird er getriezt, und gleichzeitig soll er seine Mitarbeiter zu Höchstleistungen anspornen. Nebenbei muss er seine Marketing-Abteilung vor Übergriffen aus Controlling oder Vertrieb bewahren und sich der Intrigen seiner Kollegen erwehren, die vor lauter Aufstiegskämpfen kaum noch zum Arbeiten kommen. Achtenmeyer macht das natürlich genauso, wenn auch mit durchwachsenem Erfolg. Karriere gerät für den leidenden Angestellten zum Fettnäpfchenlauf – und für den Leser zur Schmunzelolympiade. Am Ende aber haben alle ihre Lektion gelernt: Einfach mal delivern. Wer Karriere macht, soll wenigstens keinen Spaß haben.

Der Autor

Klaus Werle, Jahrgang 1973, betreut das Karriere-Ressort des *manager magazins* und schreibt regelmäßig über die Widrigkeiten beruflichen Aufstiegs. Zuvor absolvierte er die Henri-Nannen-Journalistenschule und arbeitete als Produktmanager im Marketing eines internationalen Konsumartiklers. 2007 startete er seine Karriere-Kolumne rund um die mittlere Führungskraft Achtenmeyer, die seit 2011 auf SPIEGEL ONLINE erscheint und dort eine große Fangemeinde hat. Klaus Werle hat mehrere Bücher veröffentlicht und lebt mit seiner Familie in Hamburg.

Klaus Werle

ZIEMLICH BESTE FEINDE

Absurdes aus der Arbeitswelt

Ullstein

Besuchen Sie uns im Internet:
www.ullstein-taschenbuch.de

Originalausgabe im Ullstein Taschenbuch
1. Auflage Oktober 2013
© Ullstein Buchverlage GmbH, Berlin 2013
In Kooperation mit SPIEGEL ONLINE, Hamburg
Die Kolumnen in diesem Buch sind zwischen 2007 und 2013
im *manager magazin* beziehungsweise auf *manager-magazin.de*
und SPIEGEL ONLINE erschienen
Umschlaggestaltung: semper smile, München
Coverillustration und Cartoons im Innenteil: © Leo Leowald
Satz: KompetenzCenter, Mönchengladbach
Gesetzt aus der Berkeley Old Style
Papier: Pamo Super von Arctic Paper Mochenwangen GmbH
Druck und Bindearbeiten: GGP Media GmbH, Pößneck
Printed in Germany
ISBN 978-3-548-37510-6

Inhalt

Einleitung:

Karriere machen ist ganz einfach.
Nach allem, was man so hört.

Dies ist ein Buch über Achtenmeyer. Natürlich könnte Achtenmeyer auch ganz anders heißen, Müller, Schulze oder Ginglabash. Achtenmeyer heißt so, weil er ja irgendeinen Namen haben muss – völlig egal, welchen. Denn in Wahrheit ist dies natürlich ein Buch über dich, über uns alle und über den Ort, an dem wir den größten Teil unserer wachen Zeit verbringen – das Büro.

Oft schon wurde das Büro totgesagt; zu altmodisch, zu hierarchisch, irgendwie zu sehr *20th-century*. Bald schon, so jubilierten Zukunftsforscher, werden wir alle in stylishen Kaffee-Bars arbeiten, mit *tablets* auf dem Schoß und *latte decaf* in der Hand. Noch ist das nicht passiert – ganz im Gegenteil beweist das Büro, je länger es totgesagt wird, einen geradezu verbissenen Überlebenswillen.

Richtig ist aber: Das Büro, unsere Jobs, der Ort und die Art also, wie wir arbeiten – all das sieht immer weniger nach Arbeit aus. Quietschbunte Sitzgruppen laden zum *informal networking* ein, Hierarchien wurden eingeebnet, Arbeitszeiten flexibilisiert. Während alle noch von *Work-Life-Balance* reden, werden die Grenzen zwischen Arbeit und Leben abgebaut, so dass sich das geforderte Gleichgewicht wie von selbst einstellt: Arbeit soll jetzt Spaß machen.

Das klingt nett, ist aber in Wahrheit eine überraschend komplizierte Sache. Das alte Berater-Motto – *Work hard, play hard* – ist zum Leitspruch aller Angestellten geworden: Wer ordentlich arbeitet, soll auch kräftig feiern, und am besten beides gleichzeitig, denn, hey, gibt es einen schöneren Grund zum Feiern als einen tollen Job?

In dieser Lage findet sich auch Achtenmeyer wieder. Führungskraft auf der mittleren Ebene eines Konsumartikelherstellers, Spezialgebiet ausgefallene Softdrink-Kreationen, verheiratet, keine Kinder, mit einer fatalen Schwäche für schlechte Wortspiele und Anglizismen. Ein ehemals junger Wilder, der bisweilen den alten Zeiten nachtrauert und wie zum Trotz seine Briefe mit dem hoffnungslos überholten Zusatz »Nach Diktat verreist« versieht. Mittlerweile gefangen in den dichten Regularien des Konzern-Dickichts, aber immer noch ausgestattet mit einem feinen *feeling* für das *wish & desire* seiner Kundschaft, und deshalb: Marketing-Fachmann. Dazu kommt eine gewisse Nonchalance den Sekundärtugenden Fleiß und Disziplin gegenüber, eine leicht ins Naive driftende Unbekümmertheit, die sich mit großer Niedergeschlagenheit abwechselt, wenn mal wieder etwas nicht so läuft wie geplant.

Tatsächlich hat sich, allem Gerede von der schönen bunten Arbeitswelt zum Trotz, im Alltag kaum etwas verändert. Die Chefs, die Machtkämpfe, die fiesen Kollegen sind alle noch da. Und mittendrin versucht Achtenmeyer, wie Millionen andere Angestellte auch, sich an die neuen Zeiten anzupassen und dabei seine eigenen Schäfchen ins Trockene zu bringen. Mit höchst durchwachsenem Erfolg.

So erleben wir Achtenmeyer in den folgenden Texten im

Kampf mit den Tücken der Technik, mit *social media*, Datenbrillen und WLAN im Flieger. Wir sind Zuschauer, wenn er ein ums andere Mal versucht, seinen Chef auszustechen, den gnadenlos effizienten, doch mit frappierend geringen Empathie-Reserven ausgestatteten Dr. Karl. Wir sehen, wie er seine Mitarbeiter zu überzeugen versucht, das zu tun, was er möchte, statt immer nur gegeneinander zu intrigieren und auf Facebook herumzulümmeln. Denn als Mittelmanager hat Achtenmeyer natürlich nicht nur einen Vorgesetzten, er ist auch selbst Chef. Was die Sache allerdings eher komplizierter macht.

Nur zu Hause ist die Gefechtslage eindeutig: Achtenmeyers Frau hat ganz klar die Hosen an. Jedes Mal, wenn das ohnehin spärliche Rinnsal Ehrgeiz, das durch seine Adern fließt, zu versiegen droht, öffnet die Gattin wieder eine Schleuse und treibt ihn weiter. Schließlich, davon ist auch Achtenmeyer überzeugt, ist Karriere machen ganz einfach. Zumindest nach allem, was er so hört.

Trotz zahlreicher Fehlversuche können wir von Achtenmeyer viel lernen. Sogar die, die gar keine »Karriere« anstreben. Wie heißt es doch so schön: Ein Pferd hat vier Beine und stolpert doch. Umso komfortabler, wenn jemand anders für uns stolpert.

Deshalb finden sich am Ende jedes Kapitels die *lessons learned*, kleine augenzwinkernde Merksätze darüber, wie sich der Job am besten überstehen lässt – und was es tunlichst zu vermeiden gilt. Zwischen den einzelnen Kapiteln kann in die aktuellen Trends der Arbeitswelt hineingeschnuppert werden, außerdem gibt es allerhand Nützliches und Lustiges aus dem Jobuniversum – von B wie »Beratersprech« bis »Y« wie »Generation Y«.

Die Achtenmeyer-Saga startete 2007 im *manager magazin*

als Kolumne, die den Alltag einer mittleren Führungskraft nicht ganz bierernst beschrieb. Nach einigen Jahren wechselte die Kolumne zu *SPIEGEL ONLINE*, wo sie seither unter der Überschrift »Nach Diktat verreist« erscheint.

Für das Buch wurden die Kolumnen überarbeitet, aktualisiert und zu größeren Kapitel-Rubriken zusammengefasst. Achtenmeyer erlebt darin Geschäftsreisen mit Hindernissen, schlägt sich mit Kollegen und anderen Ärgernissen herum, sucht ein Hobby (weil erst eine angesagte Freizeitbeschäftigung aus Männern Manager macht), findet zum wiederholten Male heraus, warum immer die anderen Karriere machen, und lüftet ganz nebenbei das Geheimnis der *Work-Life-Balance*: Wer viel verdient, soll wenigstens keinen Spaß haben.

So wird der Trip durch die Rubriken zu einer Reise durch das Job-Universum, wo es nur so wimmelt von *areas of opportunity*, gerne mal *out of the box* gedacht wird und sogar die lieben Kollegen beinahe schon menschliche Züge entwickeln.

I.

Performance auf der Extra-Meile

Warum immer die anderen aufsteigen

Karriere machen ist leicht, jedenfalls scheint es Achtenmeyers Kollegen so zu gehen. Nur bei ihm selbst will es in letzter Zeit nicht mehr so recht klappen. Sicher, in den vergangenen Jahren ist er ins mittlere Management aufgestiegen, hat Verantwortung für Personal und ein ansehnliches Budget erhalten. Aber immer mehr Kollegen, Kommilitonen und Kontrahenten ziehen an ihm vorbei, und als sein Gehalt das letzte Mal erhöht wurde, da stand das World Trade Center noch.

Die meisten Menschen, die in einem Konzern arbeiten, wollen aufsteigen. Neue Aufgaben, mehr Verantwortung, höhere Dienstwagenklasse. Das ist leichter gesagt als getan, zumal niemand exakt weiß, wie Karriere eigentlich geht. Fest steht nur: Es hat etwas was mit Leistung zu tun, mit dem Ausstechen von Wettbewerbern, mit Energie, Willensstärke und vielen fiesen Tricks.

Achtenmeyer weiß das alles, doch irgendwie fehlt es dann im Abschluss, wie ein Fußballreporter sagen würde. Er richtet seinen Management Ansatz an bekannten Persönlichkeiten und großen Denkern aus (Gaddafi, Heidegger), er fädelt kleine Hinterzimmer-Deals mit *human resources* ein, er bedient virtuos die Klaviatur der Ränkespiele und Personal-rankings. Und doch.

Am Ende hilft dann nur der Anruf beim *headhunter*, um der eigenen Karriere auf die Sprünge zu helfen. Gut, wenn man wie Achtenmeyer einen echten Experten kennt, Egon, den Profi. Schlecht, wenn das zum Blind Date mit dem Chef führt.

Mach was, mein Macherchen!

Statt nur Anweisungen zu bellen, müssen Chefs heute durch intellektuelles Format überzeugen. Doch Vorsicht: Mit ein paar Heidegger-Zitaten im Meeting ist es längst nicht getan.

Eigentlich neigt Achtenmeyer nicht zum Grübeln. An einem trüben Herbsttag stundenlang aus dem Fenster auf graue Felder im Nieselregen zu starren und dabei über das Sein nachzudenken ist seine Sache nicht.

Reflektieren, ja, das schon. Zwar begreift sich Achtenmeyer seit der vierten Klasse, als er seine Clique überredete, gestoßene Chilischoten ins Pausenbrot von Frau Jäckle zu streuen, als Macher. Doch wenn er ehrlich ist, ist er unter den Machern immer der Nachdenkliche gewesen. Und unter den Nachdenklichen der Macher.

Das ist eine Zwickmühle und schlecht für eine Führungskraft, die mit sich selbst im Reinen sein sollte. Sein Personal Coach sagt, dies spiegele die komplexe und widersprüchliche Zeit wider, in der wir alle leben und mit der ein Mann gerade in seiner Position besonders heftig konfrontiert werde. Seine Frau sagt, er solle sich nicht so haben und endlich mal was machen, anstatt nur darüber nachzudenken, ob er eigentlich ein Macher sei.

Sehr schön, bilanziert Achtenmeyer bitter, nun habe ich neben der eigentlichen Zwickmühle auch noch einen Loyalitätskonflikt: Zwar ist er sicher, dass ihm sein Coach wohlgesonnener ist als seine Gattin – andererseits hat seine Frau, wie immer ihre Gefühle für ihn privat aussehen mögen, zumindest an seinem beruflichen Erfolg ein massives Eigeninteresse. Etwa in Form von Schuhen, Handtaschen und Wellness-Wochenenden.

Achtenmeyer beschließt, dieses eine Mal nicht auf die Gemahlin zu hören und sich stattdessen konzernintern neu zu positionieren. Als jemand, der nicht nur Excel-Tabellen vorlesen, sondern auch das *big picture* in den Blick nehmen kann. Jemand, der eine Vision davon hat, was Führung heute bedeutet. Und der die gesellschaftlichen Veränderungen nicht nur zur Kenntnis nimmt, sondern antizipiert und im Sinne des großen Ganzen (*aka the company*) zu nutzen weiß.

Die Arbeit an seinem neuen, reflektierteren Ich startet mit einem mauvefarbenen Seidenschal, den Achtenmeyer morgens nun regelmäßig statt einer gestreiften Krawatte umlegt. Als der Schal etabliert ist, beginnt er, in Meetings das ein oder andere Zitat von Herodot, Hegel und Heidegger fallen zu lassen. Teambesprechungen leitet er nun gerne mit der ketzerischen Bemerkung ein, dass er die Besprechung heute gerne mit einer ketzerischen Bemerkung einleiten möchte.

Der vorläufige Höhepunkt seines Privat-Kreuzzugs für mehr Intellektualität im Business ist ein Gespräch mit der Lead-Agentur seiner Abteilung, in dem er sich lautstark beschwert, warum der Spot für das neue fruchtige Eisgetränk nicht tiefer gehende Fragen aufgreife als nur *urban feeling*, *lifestyle* und *taste*. Zum Beispiel das Hineingeworfensein in die Welt, um noch einmal auf Heidegger zurückzukommen.

An diesem Punkt wird es Dr. Karl allerdings zu bunt. Endlich, freut sich Achtenmeyer, als sein Vorgesetzter in seinem Büro »für ein kurzes *face to face*« auftaucht, denn bislang hatte Dr. Karl seine neuen Marotten stoisch ertragen. Da war sie endlich, die lang ersehnte Gelegenheit zum Showdown zwischen simpel gestricktem Macher (Dr. Karl) und klug reflektierendem Manager des Wandels (Achtenmeyer).

Wie sich herausstellt, hat Dr. Karl seine Strategie den neuen Zeiten bereits angepasst. Statt plump mit Abmahnung zu drohen oder auf verfehlten Absatzzielen herumzureiten, räkelt sich sein Chef auf dem Besuchersessel und zeigt, dass auch er sich geisteswissenschaftlich aufgepimpt hat. Dr. Karl, der in der Auswahl seiner Zitatgeber offensichtlich andere Schwerpunkte gewählt hat, zitiert Stalin: »Wie viele Divisionen hat der Papst?« Und fügt hinzu: »Oder anders ausgedrückt: Wie viele erfolgreiche Produktlaunches kann Heidegger vorweisen?«

Achtenmeyer will zur Replik ansetzen, doch dann überlegt er es sich anders und zieht den Seidenschal aus. Man muss auch wissen, wann man verloren hat. Hätte er mal auf seine Gattin gehört. Schließlich steht hinter jedem erfolgreichen Mann eine starke Frau. Das sagt zwar nur der Volksmund – dafür ist es aber leichter zu befolgen als Heidegger.

Die werte Frau Gemahlin:

Wie man eine Ehe managed, ohne sie zu führen

Es heißt, hinter jedem erfolgreichen Mann stehe eine starke Frau, und was Achtenmeyer angeht, ist das noch äußerst zurückhaltend formuliert. Wir wissen nicht viel über seine Gattin, noch nicht einmal den Namen. »Anja« würde gut passen, oder besser noch »Elke«, auf jeden Fall etwas Schnörkelloses, Geradliniges. Denn so viel ist sicher: Das Träumerische, bisweilen Naive, das ihren Gemahl immer wieder an den Klippen der Unternehmenswelt auf Grund laufen lässt, geht ihr völlig ab. Sie ist tough und steht mit beiden Beinen im Leben beziehungsweise in ihren Gucci-Pumps.

Wir können davon ausgehen, dass Elke studiert hat, und zwar nicht irgendeinen *l'art pour l'art*-Quatsch, sondern mindestens Betriebswirtschaft oder sogar Jura. Höchstwahrscheinlich hat sie auch einige Jahre sehr erfolgreich gearbeitet, bis sie aus Gründen, die ihr wohl selbst nicht ganz klar sind, beschlossen hat, fortan lieber ihrem Mann den Rücken freizuhalten. Damit hat sie alle Hände voll zu tun, denn Achtenmeyer mag ihr vor vielen Jahren als hoffnungsvoller *rising star* erschienen sein, dessen Aufstieg zum Vorstandschef eine bloße Formalie ist. Inzwischen weiß Elke, dass er selbst bei den simpelsten Konzernspielchen Hilfestellung braucht. Entsprechend wenig hat er daheim zu melden.

Und so coacht sie ihn vor Gehaltsverhandlungen, weiht ihn in die Kunst der Intrige ein, erklärt ihm, wie Frauen ticken, und treibt ihn immer wieder an, wenn sein ohnehin nicht allzu stark ausgeprägter Ehrgeiz zu erlahmen droht. Sie tut das alles mit der Zähigkeit und Strenge einer Mutter, die den faulen Sohn jeden Nachmittag von der Playstation wegzerrt und vor seine Schulbücher setzt. Eheliche Innigkeit, Verliebtheit gar findet sich nur selten unter dem Achtenmeyer'schen Dach; Elkes Interesse an der Karriere ihres Gatten ist eher robust motiviert und beschränkt sich vor allem auf den *return on investment* oder, wie Achtenmeyer es formuliert, auf »Schuhe, Handtaschen und Wellness-Wochenenden«.

Die Eheleute leben, in guter Mittelschichtsttradition, ein pragmatisches Arrangement: Hier wird nicht gekuschelt. Stattdessen bringt jeder seine Stärken ins eheliche Team ein, und wie es der Zufall will, hat Elke all das im Überfluss, was Achtenmeyer fehlt: Durchblick, Überblick, Ziele sowie die Energie, sie auch zu erreichen, Kampfgeist, Durchsetzungsstärke, Disziplin. Kurz: Frau Achtenmeyer wäre die viel bessere Managerin.

Lediglich eine lang zurückliegende Personalentscheidung wirft einen Schatten auf Elkes Führungsqualitäten: Im jugendlichen Gefühlsüberschwang hat sie Achtenmeyer geheiratet.

Management by Muammar

**In Krisenzeiten dürfen Chefs auch
mal zu unorthodoxen Methoden greifen.
Nur erfolgreich sollten sie sein.**

Seit einigen Jahren schon hat Achtenmeyer das diffuse Gefühl, ein vom Schicksal Auserwählter zu sein. Auserwählt, wohlgemerkt, nicht begünstigt. Gegen Letzteres sprechen, in aufsteigender Wertigkeit: sein Auto (verrottet), seine berufliche Situation (verfahren) und seine Frau (verstimmt). Für Ersteres, das mühselige Dasein als Auserwählter, spricht dagegen die in ihrer Detailfreude bisweilen ans Absurde grenzende Parallelität von eigener Lebenssituation und den großen Weltläufen.

Um ein Beispiel zu nennen: das Eingreifen der Westmächte in Libyen.

Die Lage dort stellt sich wie folgt dar: In einem bislang weitgehend unbeachteten, aber dennoch wichtigen Teilmarkt (Öl!) gerät die Situation außer Kontrolle. Eingreifen der oberen Führungsebene *strongly appreciated*. Die westlichen Militärmächte schlagen zu, doch kaum ist die erste Bombe ausgeklinkt, geht der Streit los: Was wollen wir dort genau? Wie können wir das erreichen? Und wer ist bei der Operation eigentlich Projektleiter? *At the end of the day* also eine Gefechtslage, wie sie typisch ist für nahezu jeden beliebigen Tag in jeder beliebigen Abteilung in jedem beliebigen multinationalen Konzern.

Aber jetzt wird es gespenstisch: Seit einigen Monaten gerät Achtenmeyers Lifestylegetränk »Sunfit« in Westeuropa unter Druck eines aggressiven Wettbewerbers, der sich »Sunfitter« nennt und dem Achtenmeyer seit Beginn der Libyen-Krise auf seinen Charts den Codenamen »Gaddafi« verpasst. Wie die Rebellen in Bengasi wird »Sunfit« nicht aus eigener Kraft obsiegen, das Eingreifen des *headquarters* ist angezeigt.

Das Top-Management (aka UN-Sicherheitsrat) hat in einer Hauruck-Aktion mehrere Millionen in die Hand genommen, doch nun stellt sich die Frage, was mit diesen Millionen genau geschehen soll und wer bei der Operation »Sunfit fitter machen« eigentlich Projektleiter sein soll: Dr. Karl (aka die Vereinigten Staaten), der sich wie gewöhnlich mit »*cover my ass*«-Mails aus der Verantwortung stehlen will? Achtenmeyer (aka die Nato), der eigentlich auch keine Lust hat, aber das Feld auch nicht der konzerninternen Konkurrenz überlassen will, namentlich dem schrecklichen Huber aus dem Controlling (aka Nicolas Sarkozy)? In der Tat: Die Parallelität der Ereignisse ist geradezu gespenstisch, doch hilft ihm diese Erkenntnis auch nicht weiter.

Achtenmeyer, der ungekrönte König des *out-of-the-box*-Denkens, hat deshalb beschlossen, die Parallelität als Wink des Schicksals zu verstehen. Soll heißen: Er wird sich der Methoden seiner äußeren Feinde bedienen, um die Feinde im Inneren niederzuwerfen. Management by Muammar, *so to speak*.

Zum entscheidenden Meeting gestern mit Dr. Karl, Huber und dem Vorstand brachte er deshalb einen Ölzweig mit, ein Symbol des Friedens, mit dem er beiläufig wedelte, während er dem »lieben Kollegen Huber« in seiner Wortmeldung das Vorgriffsrecht auf die Projektleitung zubilligte,

»mit den besten Wünschen für ein gutes Gelingen«. Natürlich nicht, ohne seiner Abteilung vorher detaillierte Vorgaben über die Verwendung der Hilfsmillionen für »Sunfit« gemacht zu haben, Projektstart: zwei Stunden vor dem Meeting.

Als die Sitzung zu Ende ist, reibt sich Achtenmeyer zufrieden die Hände und holt seinen Blackberry hervor. 93 unbeantwortete Anrufe und 117 E-Mails, alle von seinen Mitarbeitern, alle gleichen Inhalts: Die Millionen sind schon weg. Huber hat dem Controlling detaillierte Vorgaben über ihre Verwendung gemacht, Projektstart: vier Stunden vor Meeting-Beginn. Nun ja, Achtenmeyer seufzt still. Wie schon gesagt: Vom Schicksal auserwählt, nicht begünstigt.

Einfach mal delivern

Erfolgreich managen bedeutet vor allem: netzwerken. Aber es lohnt sich, darauf zu achten, kostbare Redezeit nicht mit Menschen zu vergeuden, die noch weniger zu sagen haben als man selbst.

Mails, die von Human Resources kommen, löscht Achtenmeyer normalerweise sofort. Aber heute nicht. Der Grund: Vor drei Tagen hatte er auf dem Flughafen mehr Wartezeit als *geschedult*, und die nutzte er, um eine ganz besondere Art von Business-Coaching auszuprobieren. Die Coachs bieten in einem Büro direkt vor Ort schnelle Beratung für die mentale und taktische Vorbereitung schwieriger Gespräche und akuter Konflikte.

Im Coaching stellte sich heraus, dass Achtenmeyer zu wenig auf Mitarbeiter eingeht (besonders wenn sie in der Linie unter ihm rangieren oder aus dem Personalbereich kommen oder beides) und den *face value* eines wirklich guten Gesprächs nicht genug schätzt. Das muss natürlich anders werden, und deshalb klickt Achtenmeyer jetzt tatsächlich auf die Mail von HR, die von dem anstehenden Führungskräfte-Assessment handelt. Verächtlich schnaubend arbeitet er sich durch den Wortdschungel aus *core values*, *ratings* und *key performance indicators*. Die Q & As druckt er sich sogar aus, nur für den Fall, dass sich seine Einschlafprobleme nicht von alleine legen. Dann ruft er den Absender, einen blutjungen Human-Resources-Bengel namens Haberle, an und lädt ihn zum Lunch ein. Des guten Gesprächs wegen, aber auch, weil ihm plötzlich eine Idee kommt.

»Mein lieber Haberle, das ist nun wirklich aller Ehren wert, was Sie über *Future Challenge Assessment* schreiben«, Achtenmeyer stochert im getrüffelten Saltimbocca, »aber am Ende des Tages zählt doch nur eins: einfach was reißen. Oder?« Haberle, der es sichtlich nicht gewohnt ist, mit Ebene-drei-Managern beim Edelitaliener zu speisen, nickt stumm. »Nun, da meine Leistung aber auch auf Ihrer schönen Matrix darstellbar sein soll«, plaudert Achtenmeyer weiter, »warum gehen wir zwei nicht diesen *review* durch und justieren ein paar Dinge, bevor sie zu *hiccups* werden? So von Manager zu Manager. Noch etwas Nebbiolo?«

Haberle nickt wieder, der Wein schmeckt ihm, die *performance review* erledigt man zwischen Grappa und Espresso, und Achtenmeyer stellt fest, dass tatsächlich kaum etwas lohnender ist als der *face value* eines guten Gesprächs. Erst recht nicht, wenn er auf die Rechnung schreibt »Kick-off-Meeting Human Resources Strategic Planning«. Und sie bei der Spesenstelle einreicht.

Vier Wochen später sitzt Achtenmeyer in Dr. Karls Office. Reine Formsache natürlich, dank Haberle und Nebbiolo dürfte er das *assessment* mit Bravour bestanden haben. »Mein lieber Achtenmeyer, Ihr Abschneiden ist ja wirklich *impressing*«, sagt Dr. Karl. »Aber Ihre *unit*-Zahlen sind schlecht. Da hat der Haberle in seinem *review* wohl ein paar Algorithmen verwechselt, was? Na ja, er ist halt noch sehr *junior*, und überhaupt, diese Personalertools, *I don't know*.« Dr. Karl fasst ihn mitfühlend am Arm: »Einfach mal *delivern*, ja?« Achtenmeyer nickt stumm. Und nimmt sich fest vor, künftig nur noch mit Mitarbeitern gute Gespräche zu führen, die in der Hierarchie deutlich über ihm stehen. Auf die hört man wenigstens.

First Mover allein zu Haus

**Vorreiter in Sachen Umweltschutz
zu sein bringt viele Vorteile.
Allerdings nur, wenn man nicht der Einzige bleibt.**

Im Luxushotel auf seinem cremefarbenen Plumeau liegend, genießt Achtenmeyer die angepriesene Verbesserung des Innenraumklimas, zurückzuführen, so der Werbeprospekt, auf die Verwendung niedrig emittierender organischer Verbindungen für Raumfarben oder Teppiche. Selbstverständlich hat er keinen Schimmer, was das bedeutet, doch die *governing idea* dahinter, diese Frische und Natürlichkeit, die kann er regelrecht atmen.

Genau das braucht er jetzt. Die Wirtschaftskrise hat viel durcheinandergewirbelt, globalökonomisch und, wichtiger noch, auch konzernpolitisch. Mittels klug platzierter *Save-my-ass*-Mails ist es ihm zwar gelungen, einige Misserfolge auf Dr. Karls Image-*Account* zu buchen. Mit der unschönen Konsequenz allerdings, dass jetzt die Bereichsstruktur umgebaut wird und sein langjähriger Vorgesetzter Dr. Karl nicht mehr sein Vorgesetzter ist, sondern wichtigster Konkurrent um die Position des neuen Bereichsleiters.

Gegen Dr. Karl und sein *Low-Pricing*-Mantra gedenkt Achtenmeyer als unverbrauchter Newcomer mit frischen Ideen zu punkten. Gewissermaßen als Barack Obama der *fast moving consumer goods*. Er hat viel nachgedacht über

Amerika und Obama (so viel, dass er neulich im Supermarkt kurz verwirrt war, bevor ihm aufging, dass vor ihm Backaroma stand und keine neue Produktlinie des US-Präsidenten). Eines ist klar: Amerikaner stürzen tiefer, aber sie steigen schneller wieder auf als die vergrübelten Europäer. Diesen *first-mover advantage* will Achtenmeyer kopieren, indem er eine konsequente Umweltstrategie für »seinen« Konzernbereich vorschlägt. Was ihn direkt hierher nach North Carolina führte, in ein laut Eigenwerbung mega-umweltfreundliches Premium-Hotel.

Mehr als ein Drittel der Hotelenergie stammt aus regenerativen Quellen, Wasser wird aufbereitet, um Plastikflaschen zu sparen, die Sessel bestehen aus recyceltem Leder, auf dem Dach kämpfen Zehntausende tapfere Pflanzen gegen den Treibhauseffekt, und die Angestellten tragen Uniformen, deren Stoff wiederverwertete Plastikflaschen enthält. Gäste werden per Hybridfahrzeug durch die Stadt kutschiert oder können sich kostenlos ein Rad ausleihen.

Genau das tut Achtenmeyer jetzt, wobei er an der ersten Kreuzung fast von einem Pick-up überfahren wird, als er versucht, einigen Dutzend Mülltüten auszuweichen, die über die Straße wehen. Er flüchtet in ein Café, das auf 18 Grad heruntergekühlt wurde, während draußen die Hitze knallt, und bekommt *latte decaf* in einem Plastikbecher, der in einer Pappbox steckt, die wiederum mit Plastikfolie überzogen wurde, damit nichts verschüttet wird. Offensichtlich ist sein Hotel eine ziemlich einsame grüne Insel im kohlendioxidverschwenderischen American Way of Life. Was nicht ein Umwelt-, sondern ganz konkret auch ein Achtenmeyer-Problem ist: Schön, wenn man sich als *forerunner* positionieren kann. Schlecht, wenn einem niemand folgt. Und so radelt Achtenmeyer schnell zurück und macht eine ganz neue Präsentation mit *crispen slides*. Und ganz kleinen Preisen.

Aufstieg per Ausraster

**Ein kleiner Wutanfall zur rechten Zeit
macht die Memme zum Mann und befördert
das berufliche Vorwärtskommen.
Für den Bahnhofskiosk um die Ecke gilt das leider
nicht. Dort herrschen rauere Gesetze.**

Das Reisen mit dem Zug bringt bei Achtenmeyer, während draußen hinter spackigen blauen Vorhängen die norddeutsche Tiefebene vorbeischlurft, traditionell die ganz großen Fragen hervor. Wie beispielsweise die, was ein Mensch wie Zögner im Vorstand eines multinationalen Konsumartiklers verloren hat.

Zögner und er haben einmal in der gleichen *company* angefangen, gleiches Level, gleicher Studienabschluss, gleiche Startbedingungen. Der einzige Unterschied war Zögners Jähzorn. Seine Sekretärin traute sich schon nach einer halben Woche nicht mehr ohne Baldriantropfen an ihren Schreibtisch, seine Vorgesetzten runzelten die Stirn, wenn Zögner in Meetings wieder unvermittelt auf den Tisch hieb und losbrüllte, weil der Beamer nicht funktionierte.

Und Achtenmeyer lächelte still. Erstens, weil er lieber still lächelt als laut brüllt. Zweitens, weil er sicher sein konnte, dass ein Mann mit einem derartig unkontrollierten Gefühlsleben wie Zögner niemals ein ernsthafter Konkurrent um herausgehobene Führungspositionen sein würde. Geht es dort doch um das sorgfältige, rationale Abwägen vielfältigster Interessen, um Politik mit ruhiger Hand und kühlem Kopf.

So kam, was kommen musste. Nach nicht einmal einem Jahr verließ Zögner das Unternehmen und entwickelte sich fortan zum Jobhopper, den es auf keiner Position länger als anderthalb Jahre hielt. Irritierenderweise und völlig entgegen Achtenmeyers Prognose jedoch stieg er mit jedem Wechsel weiter auf, während Achtenmeyers Karriere sich eher schleppend anließ. Offensichtlich wurde Zögners Jähzorn höheren Orts als Willensstärke interpretiert und Achtenmeyers diplomatische Zurückhaltung als Entscheidungsschwäche. Und jetzt ist Zögner also Vorstand.

Ein Zornesausbruch zur rechten Zeit, schließt Achtenmeyer, während der Zug in den Hauptbahnhof einrollt, gilt als Ausweis von Leidenschaft (*Passion wanted!*) und hilft dem Aufstieg auf die Sprünge. Und weil er vor seinem nächsten Termin noch Zeit hat, findet er, kann er ebenso gut ein wenig Wut trainieren.

Denn das Geschäft, in dem er ein Sandwich kaufen möchte, akzeptiert den Wertbon nicht, den er für seinen Toilettengang bei »Rail & Fresh« erhalten hat. »Erst ab übermorgen, Anweisung vom Geschäftsführer«, leiert eine Halbwüchsige mit violetter Haarsträhne herunter. Ebendiesen Geschäftsführer wolle er auf der Stelle sprechen, wird Achtenmeyer laut. »Nich da«, leiert die Haarsträhne. Auch nicht sein Stellvertreter. Und dessen Stellvertreterin (grüne Haarsträhne) sagt eben: »Erst ab übermorgen, Anweisung vom Geschäftsführer.«

Achtenmeyer brüllt »Wenn Sie sich nicht an die Regeln halten, tu ich's auch nicht«, schnappt sich das Sandwich und stürmt, ohne zu zahlen, zum Ausgang. Da stellt sich ihm ein Jüngling im Surfer-Shirt entgegen (keine Haarsträhne, dafür ein Lippenpiercing), der einen Zeitungskommentar zum Thema Zivilcourage zu viel gelesen hat: »Na, na, das ist Ladendiebstahl, da rufen wir gleich mal die Polizei.«

Achtenmeyer schaut auf die Uhr: Wenn erst mal die Staatsmacht auftaucht, kann er seinen Termin vergessen. Obwohl er sich vollkommen im Recht fühlt (50 Cent sind schließlich 50 Cent), ist sein Vorrat an Leidenschaft aufgebraucht. Der Diplomat in ihm gewinnt wieder die Oberhand, brav legt er das Sandwich ins Regal zurück und macht sich auf den Weg zu seinem Business-Lunch.

Auf der Rückfahrt macht er sich an die Fehleranalyse. Sie fällt kurz aus: Leidenschaft ist nur dann wirksam, wenn sie echt ist; kalkulierter Jähzorn ist ein Widerspruch in sich. Was hätte wohl Zögner getan, fragt sich Achtenmeyer. Aber natürlich kennt er die Antwort.

Zögner hätte sich den Weg freigeboxt wie ein Orang-Utan nach fünf Litern Red Bull. Er hätte die herbeigeeilten Polizisten unflätig beschimpft und einige Zeit in einer Zelle verbracht. Und drei Tage später wäre er wieder befördert worden. Vielleicht zum Vorstandschef von »Rail & Fresh«. Oder gleich zum Polizeipräsidenten.

Herr Beimler macht Westeuropa

Den lästigen Orga-Kram des Alltags an einen
virtuellen Assistenten auszulagern, um sich wirklich
Wichtigem widmen zu können, ist eine feine Sache.
Manchmal jedoch schlägt der lästige Orga-Kram
zurück.

Wie immer ist Achtenmeyer mit den Jahresgesprächen gehörig in Verzug. Und das, obwohl Dr. Karl ihn ausdrücklich erinnert hat. »Wir müssen das *talent management* stärker pushen, das kommt von ganz oben«, rief er ihm über die Currywurst in der Kantine zu. Aber dieses 360-Grad-Brimborium, der Name deutet es ja schon an, ist so umfassend wie langwierig, und Achtenmeyer liegt der kurze Sprint nun mal mehr. Außerdem hat er mit Beimler in diesem Jahr ein echtes *issue*. Beimler kam vor gut zwei Jahren zu ihm, Typ blitzgescheiter Quereinsteiger. Mit seinem Händchen für Zahlen hält er Achtenmeyer seither das lästige *numbercrunching* vom Hals. Um ehrlich zu sein, herrschte in der Prä-Beimler-Ära das Chaos, finanzseitig betrachtet. Doch seit er an Bord ist, flutscht die Sache, das merkte sogar Dr. Karl. »Achtenmeyer, Ihre Abteilung entwickelt sich ja prächtig, gratuliere. Ich hab ein gutes Gefühl, was Ihre *promotion* zum Marketingleiter Westeuropa angeht.«

Genau da liegt das Problem: Beimler performt, er müsste befördert werden. Aber wenn Achtenmeyer das tut, steht er da wie der Kaiser in neuen Klamotten. Westeuropa kann er dann abschreiben. Also wird Beimler nicht befördert.

Nur: Ins Gesicht sagen kann er ihm das auch nicht. Zum Glück verfügt er seit kurzem über einen »virtual assistant«. Achtenmeyer weiß zwar nicht, wie Linda aussieht, weil er sie über eine Agentur gebucht hat und nur vom Telefon kennt, aber für ein paar hundert Euro im Monat erledigt sie einen gut Teil des nervigen Alltagskrams für ihn. Egal, ob sein WLAN wieder spinnt, er von Kamtschatka aus einen Flug umbuchen muss oder kleine Weihnachtspräsente ausgesucht und verschickt werden sollen: Linda löst's. Sie fertigt auch zauberhafte PowerPoint-Slides oder bucht einen Mietwagen für seine Eltern. Kurz: Ein kleines Telefonat mit Beimler, in dem sie ihm freundlich, aber schnörkellos erklärt, warum er für eine neue *challenge* auch im nächsten Jahr leider noch nicht bereit sei, dürfte Linda locker zwischen zwei Latte macchiatos hinkriegen. Berauscht von seinem Geistesblitz, fertigt Achtenmeyer ein ausführliches Feedback-Dokument für Beimler, mailt es mit einem kurzen *briefing* an Linda und geht zu seinem Lieblingsitaliener.

Kaum hat er seine Antipasti misti mit Bruschette beendet, da klingelt sein Handy. Das Display zeigt eine Ländervorwahl, die er nicht kennt, doch vom Brunello beschwingt, nimmt Achtenmeyer trotzdem ab. Eine nette Dame mit dem schönen indischen Namen Anushri sagt, dass sie im Auftrag von Dr. Karl anrufe, der sich aus Zeitgründen leider nicht persönlich melden könne. Dann erklärt sie ihm, sehr freundlich und ganz schnörkellos, dass er leider noch nicht ganz bereit sei für eine neue *challenge*. Bezüglich Westeuropa, fährt Anushri in perfektem Oxford-English fort, habe man sich daher für einen anderen Kandidaten entschieden. Ab wann Achtenmeyer denn Mr Beimler entbehren könne?

Wie eine Ära gelabelled wird

**Business-Class ist keine Frage der Buchungsklasse.
Sondern des inneren Selbstverständnisses.**

In der jetzigen Lage, sagt Hebele und tippt energisch auf sein Chart, sei *pricing* der *key to success*. Hebele verantwortet die Marketing-Kooperationen mit dem Handel, er will niedrigere Preise, aggressivere Promotions, Häuserkampf im Supermarkt. Achtenmeyer nimmt einen Schluck Evian und rollt mit den Augen. Ganz dezent, aber doch so, dass Dr. Karl es sieht. Als *Head of Brand Marketing* hält Achtenmeyer Hebeles sogenannte *insights* für Quatsch, aus Prinzip schon, dieses Mal aber auch aus Überzeugung: Gerade jetzt müsse man in die Marke einzahlen, Image aufbauen, *heavy up media*, das volle Gedeck. Achtenmeyer gerät in Fahrt, es könnte ein unterhaltsames Meeting werden, doch leider ist dieser Strategiestreit nur der Stellvertreterkrieg in einer weitaus ernsteren Angelegenheit. Die Abteilungen Hebele und Achtenmeyer sollen verschmolzen werden. Und die neue *unit* kann nur einen *head* haben, was bedeutet, dass der andere *head* rollt.

Nicht in dieser drögen Konferenz aber würde diese Schlacht entschieden, so viel war Achtenmeyer nachher klar, sondern draußen an der Front. Genauer gesagt, exakt hier in seinem poppig-kargen Zimmer in einem Ketten-Hotel irgendwo im Ruhrgebiet. Kostenseitig liegt der Raum mehr als locker innerhalb der *range* der neuen *travel guide-*

lines, dennoch ist er freundlich designt, hat Flatscreen, WiFi sowie ein »Komfortbett«. Die Kategorie nennt sich »Economy Plus«, ein Wort, das in Achtenmeyers Augen das Zeug dazu hat, eine ganze Ära zu prägen. Economy Plus, das ist der Versuch, das alte Leben durch die Krise zu retten. Es muss gespart werden, aber man tut so, als wäre alles halb so wild. Business war gestern, heute ist Economy. Nicht weiter schlimm, denn es ist ja Economy Plus.

Erst fand Achtenmeyer diesen Gedanken etwas weit hergeholt – bis ihm aufging, dass ausgerechnet Hebele am lautesten über die »Economy-Diktatur« gemeckert hatte. Aber Dr. Karl, der über die neue Unit-Leitung entscheidet, mag keine Nörgler. Er mag Menschen, die *upwardly minded* sind, die mit dem halb vollen statt halb leeren Glas. Soll Hebele also schön Economy fliegen und sich darüber echauffieren; Achtenmeyer fliegt zwar auch Economy, aber er nächtigt Economy Plus, was ja schon mal einen gewissen Rangunterschied unterstreicht. Schließlich geht es beim Vermarkten doch genau darum: Tolles *wording*, schicke Verpackung, *good feelings*. Wenn Hebele da mit Preisen und sonstigem inhaltlichen Gemurkse punkten will, zeigt das nur, dass er Marketing nicht mal ansatzweise begriffen hat.

Und Achtenmeyer hat noch einen Trumpf in petto. Sollte Dr. Karl ihn fragen, wird er diesen Pseudo-Superior-Look sogar großartig finden. »Business-Class«, wird er sagen, »ist doch keine Frage der Buchungsklasse. Es ist ein Selbstverständnis, das auf Leistung basiert, nicht auf Statusmeilen und Sterne-Resorts.« Die Leitung der fusionierten Marketing-Unit dürfte dann nur noch Formsache sein.

Als der Kopfjäger goldrichtig lag

**Schluss mit altem Trott, auf zu neuen Ufern:
Das ist die Stunde der Headhunter. Achtenmeyer
vertraut auf den Riecher und die Diskretion von Egon,
dem Profi. Und tritt professionell ins Fettnäpfchen.**

Als Achtenmeyer die Sache mit den Reservekanistern las, die so mürbe sind, dass sie jeden Augenblick zerbröseln können, und die trotzdem auf dem Dach des Geländewagens bleiben, weil das so schön pittoresk aussieht, da war es um ihn geschehen. »Jetzt reicht's«, murmelte er und klickte auf das Symbol seines Textverarbeitungsprogramms, um ein Kündigungsschreiben aufzusetzen.

Wäre seine Programm-Version nicht veraltet gewesen und hätte Achtenmeyer nicht über der enervierenden Suche nach dem Update seinen Elan verloren, dann wäre er jetzt schon seinen Job los. Und das nur, weil er irgendwo die Geschichte über ein Ehepaar gelesen hatte, das seit mehr als 25 Jahren um die Welt reist und alle bürgerlichen *key assets* – Job, Haus, Kinder – jederzeit für einen Sonnenuntergang in Papua-Neuguinea stehenlässt.

Fernweh, Abenteuer, Spontaneität – der ganze *spirit* ungezügelter Freiheit lief da als Film vor Achtenmeyers geistigem Auge ab, und seine allzeit willfährige Ratio lieferte prompt auch noch gute Gründe, warum er jetzt unbedingt auch auf ewige Weltreise gehen müsse: Verhielt sich Dr. Karl nicht in letzter Zeit ihm gegenüber merkwürdig schroff? Wurde seine Abteilung nicht immer häufiger übergangen, bevormundet, gegängelt von dahergelaufenen Controllern und übergeschnappten Produktingenieuren? Und überhaupt: Saß er nicht schon viel zu lange auf der gleichen öden Position?

Das Problem ist: Nach einigen Stunden war die Fernweh-Euphorie weg, doch die rationalen Gründe, die sein Gehirn als Rechtfertigung für eine Kündigung produzierte, immer noch da. Doch statt Dr. Karl im ersten Furor und per Mail die Brocken hinzuwerfen, tut Achtenmeyer, was jeder Konzern-Mittvierziger mit jobbedingter Midlife-Crisis tut: Er ruft seinen Headhunter an. »*You know*, Egon, natürlich läuft es hier total super für mich, *key performance indicators* alle *on track*, *perspectives* bestens, und doch ...« Vielsagend lässt Achtenmeyer den Satz schweben, und Egon, der Profi, erkennt das Stichwort sofort: »Du willst was anderes, frischer Wind, neuer Schwung, die ganze Palette, versteh schon.«

Wie es der Zufall will, fährt Egon fort, wobei das Wort »Zufall« natürlich für seine eigene, unvergleichliche Arbeit steht, wie es der Zufall also will, habe er gerade auch an Achtenmeyer gedacht. Ihm liege da nämlich diese Anfrage eines Klienten vor, streng geheim, er selbst kenne noch nicht mal den Firmen-, geschweige den Kundennamen, aber keine Sorge, absolut *First Tier*, Top-Gehalt, für Achtenmeyers Profil wie maßgeschneidert. »Mit dem aktuellen Mann ist mein Klient eigentlich ganz zufrieden«, sagt Egon, der Profi. »Aber er will halt, wie soll ich sagen, frischen Wind, neuen Schwung, du verstehst schon.« Achtenmeyer versteht, und man vereinbart ein erstes Treffen beim Nobel-Sushi-*Supplier*, hochdiskret, ohne Egon und ohne Klarnamen, nur mit dem Feuilleton der FAZ als Erkennungszeichen.

Am bewussten Tag ist Achtenmeyer exakt die zwei Minuten zu früh, die den Wechselkandidaten von Welt kennzeichnen. Sorgsam steuert er auf einen Tisch in einer Nische zu, legt gewichtig das Feuilleton vor sich und beginnt, imaginäre Flusen von seiner Krawatte zu zupfen. Nicht zu fassen, das erste Bewerbungsgespräch seit fast zehn Jahren, obwohl an Angeboten natürlich kein Mangel war, denkt er. Bevor er aber in selbstgefällige Rückschau verfallen kann, nimmt er im Augenwinkel den »FAZ«-Schriftzug wahr, der draußen vorbeihuscht

Die Scheibe ist so verrauchglast, dass Achtenmeyer den Zeitungsträger nicht erkennen kann, doch vorsorglich steht er schon mal auf, schließt den obersten Jackettknopf und – sieht Dr. Karl im Windfang stehen, »FAZ«-Feuilleton unterm Arm, suchender Blick. Dann bleiben die Augen seines aktuellen Vorgesetzten an seinem, Achtenmeyers, Feuilleton hängen, wandern langsam nach oben und wenden sich sofort wieder ab, als sich ihre Blicke kreuzen. Auf dem Absatz kehrt Dr. Karl um und verlässt das Lokal.

Drei Dinge lassen sich als *key take-outs* festhalten, denkt Achtenmeyer am nächsten Tag, an seinem alten und zugleich neuen Schreibtisch. Erstens: Die Diskretion seines Headhunters ist kein Marketinggeschwätz, sondern in der Tat äußerst belastbar. Zweitens: Dr. Karl ist ein Vollprofi – Lage binnen eines Wimpernschlags analysiert, seither kein Wort darüber verloren, sie wollten beide etwas Neues und wissen nun das Alte wieder zu schätzen. Und drittens: Das Feuilleton der »FAZ« ist gar nicht schlecht. Hätte er schon früher mal reinschauen sollen.

Lessons learned

Wandel gestalten: Führung muss heute anders definiert werden als noch vor einigen Jahren. Die Geschäftswelt ist komplexer, dynamischer und unvorhersehbarer als vielleicht je zuvor. Wer als Manager an alten Rezepten festhält, wird scheitern. Etwas gedanklicher Tiefgang (Stichwort Heidegger) kann da nicht schaden: Um im Unvorhersehbaren erfolgreich zu sein, braucht man geistige Flexibilität und erweiterte Horizonte.

Mit Echtheitszertifikat: Künftig wird Führung noch stärker von Authentizität, Glaubwürdigkeit und Überzeugungen leben. Denn wer sich über sich selbst unklar ist, kann schlecht anderen sagen, wo es langgeht.

Leidenschaft kann Leiden schaffen: Leidenschaft im und für den Job ist eine tolle Sache – wenn sie echt ist. Und nicht nur demonstriert wird, weil sie eine tolle Sache ist. Emotionale Ausreißer beweisen, dass jemand wirklich für eine Sache brennt. Das ist gut – in der richtigen Dosierung. Um im Bild zu bleiben: Ein Lagerfeuer sorgt für wohlige Stimmung. Ein Waldbrand eher nicht.

Pull statt Push: »Ich werf die Brocken hin!«, »Soll der Laden doch sehen, wie er ohne mich zurechtkommt!« – so mancher würde solche Sätze seinem Chef gern mal ins Gesicht schreien. Doch Wut, Enttäuschung und Frust sind keine guten Ratgeber. Erfolgreich im Beruf ist nicht, wer sich irgendeinen neuen Job sucht, weil ihn der alte nervt. Sondern der, der einen guten Job kündigt, weil er einen besseren angeboten bekommt. Also mehr Anziehung durch neue Perspektiven (Pull) statt Abstoßung (Push) durch alten Trott.

Immer eins voraus: Wer den Arbeitsplatz wechselt, sollte wenigstens grob wissen, wie der übernächste Schritt aussehen könnte. Entpuppt sich der neue Job als kurzfristig attraktiv, langfristig jedoch perspektivlos – besser Finger weg davon.

II.

Sunfit, Bling Bling und Glitzi Glitzi

Die wunderbare Welt des Marketings

Achtenmeyer ist Marketing-Mann mit Leib und Seele. Angestellt bei einem international operierenden Konsumartikel-Hersteller, hält er sich zugute, ein besonderes Händchen für das *wish & desire* seiner meist noch recht jungen Zielgruppe zu haben. Eine Überzeugung, die mit schöner Regelmäßigkeit an den Klippen der Realität zerschellt – und uns zahlreiche Gelegenheiten bietet, Achtenmeyers Denke, sein *mindset*, wie er sagen würde, genauer unter die Lupe zu nehmen.

Natürlich ist es kein Zufall, dass ausgerechnet die Vermarktung sein Steckenpferd ist. Jene glitzernde Glamour-Welt aus flashy Werbespots, hippen Slogans und einem Lebensgefühl, wo mehr Schein als Sein kein Makel ist, sondern Einstellungsvoraussetzung.

Andere Unternehmensbereiche, in denen es um harte Zahlen und belastbare Fakten geht (Vertrieb, Forschung & Entwicklung) begegnen den Vermarktungsplauderern gerne mit Herablassung. Dabei trägt das Marketing einen genialischen Zug, eine gewisse Leichtigkeit und Flatterhaftigkeit, was auf das Einträchtigste mit Achtenmeyers Charakter harmoniert. Oft agiert er wie ein Kind, dem man einen Millionen-Etat für neues Spielzeug gegeben hat – und in seinen besten Momenten hat er damit sogar Erfolg.

Leider sind beste Momente rar gesät. Und so laviert er sich durch die Untiefen kalifornischer Lebensart, die unter der chilligen Oberfläche ziemlich ernüchternd sein kann, erfindet neue Softdrink-Kreationen, die bei näherer Betrachtung gar nicht so neu sind (»Mango ist doch ziemlich *last century*«), und entwickelt aus dem Vergleich von Militärtechnik und Erdbeerkonfitüre eine neue Unternehmensstrategie. Marketing eben.

Von Guru zu Guru

Manchmal entscheiden Kleinigkeiten über berufliche Schicksale. Zum Beispiel fernöstliches Wellness-Gemurmel oder die Liebe zum Fernseh-Testbild. Oder doch die Sekretärin.

Leise schmeichelnd plätschert das Wasser die Terrakotta-Stufen hinab, in der Luft liegt ein Hauch von Bourbon-Vanille, und Achtenmeyers physische Verfasstheit hat einen Zustand erreicht, den man mit etwas gutem Willen beinahe schon als entspannt bezeichnen könnte. Mehr noch: Die Entspannung ist so weit fortgeschritten, dass er kurz davor steht, Frau Schnitzel den Unsinn zu verzeihen, den sie ihm eingebrockt hat. »Sie brauchen Erholung«, hatte seine Sekretärin gestern bündig verkündet und ihm einen Flyer auf den Tisch geknallt: »Finde die Mitte – Relax & Restart für Executives. Mit Guru Hashnanvasimi«. Dazu Flugticket, Hotelbuchung, Bestätigung des Shuttle-Service. »Morgen geht's los. Keine Widerrede.«

Wenn Frau Schnitzel »Keine Widerrede« sagt, ist das keine scherzhafte Floskel, sondern eine Art Elftes Gebot. Also packte Achtenmeyer seinen *weekender*, diktierte Frau Schnitzel aus purer Boshaftigkeit ein halbes Dutzend sinnloser Briefe (»Nach Diktat verreist«), und hier ist er nun, zwischen Vanille, Terrakotta und Hashnanvasimis monotonem Gemurmel, das auf unerklärliche Weise immer wie eine Frage klingt.

Diesmal ist es wirklich eine: »Wer ist Achtenmeyer?«, murmelt der Guru. »Wo kommt er her, was will er, was macht ihn aus?« Zum Glück erwartet Hashnanvasimi keine Antwort, denn: »Antworten sind statisch, aber das Leben fließt.«

Doch von derlei verbaler Spiegelfechterei lässt sich eine gestandene Führungskraft nicht blenden, und so fragt sich Achtenmeyer auf dem Rückflug noch immer: Wer ist eigentlich Achtenmeyer?

Okay, die *key facts* sind *clearly outlined*: Mittelmanager eines global aufgestellten Konsumartiklers, Spezialgebiet ausgefallene Softdrink-Kreationen, ein bis zwei Ebenen unter Vorstand (je nach Lesart des Organigramms), verheiratet, keine Kinder, ehemaliger junger Wilder mit einem immer noch ausgeprägten *feeling* für das *wish & desire* sämtlicher umsatzrelevanter Zielgruppen und deshalb: Marketing-Fachmann. Ach was, nennen wir das Kind doch beim Namen: Marketing-GURU, denkt Achtenmeyer und nimmt noch eine gesalzene Airline-Erdnuss.

Mit dieser Lesart jedoch haben beträchtliche Teile seines persönlichen Umfelds ein *issue*: seine Frau etwa (»wird von Jahr zu Jahr unaufregender«) oder sein *direct supervisor* Dr. Karl (»*A. presents himself as aspiring, yet sometimes too easygoing*«). Und natürlich Frau Schnitzel, die ihm gleich bei seiner Rückkehr eröffnet, dass der Zusatz »Nach Diktat verreist«, den Achtenmeyer in vielen Jahren liebgewonnen hat wie früher den Walkman und noch früher das Fernseh-Testbild, dass dieser Zusatz also in der modernen Korrespondenz nicht mehr üblich sei, um zu erklären, dass der Brief vom Sekretariat und nicht vom Absender unterschrieben wurde. »Und das habe ich Ihnen schon oft gesagt, aber Sie sind einfach altmodisch.«

Nun ja, denkt Achtenmeyer, natürlich fehlt Frau Schnitzel aufgrund ihrer Position in der *company* das *big picture*, und dazu zählt halt auch der Unterschied zwischen »altmodisch sein« und »Tradition«. Gerade in unsicheren und turbulenten Zeiten brauchen die Menschen Bewährtes, Rituale, Verlässliches. Sicher, Routinen gelten im *business* als Wiedergänger des Teufels, doch Achtenmeyer, der Marketing-Profi, ist überzeugt, dass das Beständige nicht nur seinen Reiz, sondern auch seinen *return* hat, und zwar *on investment*. Das gilt nach außen (Kunden) wie auch nach innen (Karriere). Warum sonst wäre *sustainability* – Nachhaltigkeit – zum Schlagwort der Nuller-Jahre geworden?

Der Frage, wer Achtenmeyer ist, ist Achtenmeyer mit dieser Erkenntnis ein gutes Stück nähergekommen: ein Mann, der das Bewährte schätzt, der das Testbild vermisst und immer öfter seine Briefe absichtlich spät diktiert, um antiquierte Zusätze drunterschreiben zu lassen.

Denn nur wer Traditionen pflegt, weiß, wo er herkommt, ließ sich Guru Hashnanvasimi in einem unbedachten Augenblick dann doch noch zu einer Antwort verleiten. Und nur wer weiß, wo er herkommt, weiß auch, wo er hinwill. Persönlich, beruflich, strategisch.

Achtenmeyer kann da nur zustimmen. So von Guru zu Guru.

Kichernde Kollegen im Koi-Teich

Veranstaltungen zur Kundenbindung dürfen gerne ein wenig sadistisch sein. Wenn allerdings eine Heckenschere und diverse Flaschen Wodka eine Allianz eingehen, ist schnell ein kritischer Punkt erreicht.

Seit er denken kann, ist Achtenmeyer Marketing-Mann mit Leib und Seele. Dem Marketing, so lässt sich sein jobbezogenes Glaubensbekenntnis zusammenfassen, wohnt etwas Genialisches inne. Etwas Leichtes und Spielerisches, was wunderschön harmoniert mit der gewissen Flatterhaftigkeit, die wiederum Achtenmeyers Charakter prägt. Mehr Schein als Sein – darin kann er keinen Vorwurf erkennen, sondern die vielleicht passendste *job description*, die jemals für seinen Unternehmensbereich formuliert wurde.

Bisweilen allerdings überfällt ihn die Sehnsucht nach mehr Handfestigkeit, nach knallharten Zahlen und schmutzigen Tricks. Der Lunch mit Riesebuck neulich war wieder so ein Moment. Riesebuck hat einen Tick zu viel Gel im Haar und trägt stets Anzüge von Armani, weil er glaubt, er sähe darin *business-like* aus. Von weitem erinnert er an einen Preisboxer, und wenn man ihm direkt gegenübersitzt, an einen gealterten Preisboxer.

Natürlich arbeitet Riesebuck im Vertrieb, und ein Lunch mit ihm ist nie Zeitverschwendung. Diesmal erzählte der Vertriebschef von seinem Kundenbindungs-Event am Nordkap. Wodka kistenweise, Hundeschlittenrennen bei minus 32 Grad, solche Sachen.

Verblüfft lernte Achtenmeyer, dass derlei Events nicht angenehm sein sollen, sondern anstrengend und hart, denn nur dann entsteht zwischen Kunde und Vertriebler ein Gemeinschaftsgefühl. »*Bonding* heißt das auf Akademisch«, sagte Riesebuck, der die Schlittenfahrt mit sadistischem Bedacht für den zweiten Tag angesetzt hatte, als alle noch in den Seilen hingen vom Wodka am Begrüßungsabend.

Achtenmeyer war fasziniert. Anders als Riesebuck muss er zwar keine *key accounter* pflegen, aber er hat einen Garten, dem etwas Pflege gut zu Gesicht stünde. Des Weiteren verfügt er über ein *relevant set* an Multiplikatoren wie Werbern, Mediaagentur-Mäuschen und anderen Kreativen, denen ein wenig Anstrengung sicher nicht schaden könnte.

Und so finden sich die Multiplikatoren eines sonnigen Samstags inmitten von Achtenmeyers Kohlrabi und den Dahlienbeeten seiner Frau wieder, zum »Green & Friends«-Event seiner Abteilung, *formerly known as* »Unkrautjäten«.

Weil Achtenmeyer gleich zu Beginn großzügig Wodka ausgeschenkt hatte, sind alle etwas wacklig auf den Beinen; eine Mediaagentur-Dame fällt kichernd in den Koi-Teich, Berntzen von »Fork & Knife« reißt die Dahlien raus statt des Unkrauts, und Hübel, Einkaufschef der Supermarktkette »Pick & Run«, schneidet sich so unglücklich mit der Heckenschere, dass sein Ringfinger mit vier Stichen genäht werden muss.

Ein rundum gelungenes Bonding also, resümiert Achtenmeyer, während er im Krankenhaus auf Hübel wartet. Dann erreicht ihn eine Mail von Dr. Karl: »›Pick & Run‹ hat unsere Drinks ausgelistet! Was ist da los? Warum mischen Sie sich in Vertriebsdinge ein?« Bevor Achtenmeyer antworten kann, klopft ihm jemand mit verpflasterter Hand auf die Schulter. »Sorry für das De-Listing, der Vorstand wollte es so«, sagt Hübel. »Aber ganz unter uns: Der Name ›Green & Friends‹ – also das *branding* war top. Alle Achtung!«.

Achtenmeyer nickt abwesend, formuliert eine beschwichtigende Antwort an Dr. Karl und hat eine Erkenntnis: Wortspiele, Wogen glätten, Event-Namen ausdenken – das ist nun mal seine Welt. Mehr Schein als Sein, das funktioniert längst nicht immer. Denn wer mehr sein will, als er kann, ruiniert schnell seine Karriere. Von den Dahlien gar nicht zu reden.

Der diskrete Charme der Exklusivität

**Es war schon immer etwas komplizierter,
einen besonderen Geschmack zu haben.
Besonders knifflig ist die Situation bei Kartoffelchips
und Handyverträgen.**

Als Achtenmeyer auf der Homepage eines Mobilfunkanbieters auf das tragische Schicksal des Steuerberaters Wadel stieß, war es um ihn geschehen. Professor Dr. Wadel, um genau zu sein, saß auf seiner Finca auf Lanzarote und betrachtete den tiefblauen Ozean, als ihm plötzlich und unerbittlich bewusst wurde, dass es ihm im Leben wirklich an nichts gebrach – außer an einer spanischen Prepaid-Daten-SIM-Karte. Eine hochkritische Situation, doch zum Glück konnten ihm die freundlichen Herrschaften des Mobilfunkanbieters aus der Patsche helfen.

Nun besitzt Achtenmeyer zwar keine Finca, geschweige denn einen Professorentitel. Auch traut er sich durchaus zu, im Ausland eine SIM-Karte käuflich zu erwerben, schließlich gehört *problem solving* zu seinen Kernkompetenzen. Aber darum geht es nicht. Der Punkt ist die Exklusivität, die das Telefonunternehmen seinen Kunden bietet: streng limitierte Pauschaltarife inklusive abgespeckter Version für den Partner, Vor-Ort-Betreuung durch kundige Techniker, Concierge-Service und endlich erreichbare Hotlines. Kurz: ein Premiumangebot für anspruchsvolle Kunden, die aus der Masse der Discounttelefonierer herausragen wollen. Es geht darum, etwas Besonderes zu sein, wenigstens am Telefon.

Wie oft hat Achtenmeyer nicht Dr. Karl schon eine ähnliche Strategie unterbreitet, neulich erst für die Kartoffelchips-Sparte. Angebot verknappen, Preise hoch, dann stimmt auch die Marge wieder. Wie jedes Mal verdrehte Dr. Karl die Augen. »Mas-sen-ge-schäft, mein lieber Achtenmeyer«, sagte er betont langsam, »*fast moving consumer goods* sind nun mal ein Massengeschäft.« Bitte schön, dachte Achtenmeyer bei sich, auch Kolumbus wurde verlacht, und wenn sein Vorgesetzter nicht bereit ist, die geistige Extrameile zu gehen, und blind ist für die *opportunities* abseits ausgetrampelter Pfade, dann ist das *fine* für ihn. Schließlich muss sich Dr. Karl jedes Quartal auf Umsatzziele *committen*, nicht er.

Privat aber glaubt Achtenmeyer unbedingt an den Charme des Exklusiven. Noch am gleichen Tag, an dem er von Professor Wadel las, meldete er sich bei dem Mobilfunk-Provider an. Er kaufte sich ein Handy aus Karbon, Edelstahl und Titan und rief unter einem Vorwand die Hotline an. Tatsächlich hatte er sofort einen echten Menschen in der Leitung, der sein Fake-Problem sogar lösen konnte. Derart beschwingt, überreichte er seiner Frau feierlich die neue Zusatzkarte – und fand sich Sekundenbruchteile später in einer ehelichen Eiswüste wieder, der zudem rätselhafterweise sämtlicher Sauerstoff entzogen worden war. »Wir leben nicht mehr in den 50ern, mein Lieber«, sprach die Eiswüste. »Frauen haben ein eigenes Leben, eigene Träume und vor allem einen eigenen Handyvertrag, den sie sich nicht von ihrem ewiggestrigen Gatten vorschreiben lassen.« Hätte er sich ja denken können, dass seine Frau auch etwas Besonderes sein will. Exklusivität ist eben für alle da.

Love me, I'm German

**Konform in der Etikette, originell im Inhalt –
mit dieser Strategie kann man im Büro nichts falsch
machen. Flipflops und Motto-Shirts dagegen sind
eher selten Garanten für beruflichen Erfolg.**

Der Dunst über der Golden Gate Bridge vermischt sich mit
dem von der offenen See hereindrängenden Nebel zu einer
Substanz, die Achtenmeyer im Licht der untergehenden
Sonne an Erdbeermarmelade erinnert. Wahrhaftig, ein groß-
artiger Anblick, der nur ein klein wenig getrübt wird durch
zwei winzige Details. Erstens kennt Achtenmeyer den Blick
schon aus zahlreichen Reiseführern, TV-Dokumentationen
und Fotos von Freunden. Zweitens will es ihm einfach nicht
gelingen, selbst Bilder zu machen, die mit denen, die er bereits kennt, mithalten können. Aber das sind, wie gesagt,
Details. Was zählt: Er ist hier. Und was noch wichtiger ist:
Er hat ein Projekt.

Als Achtenmeyer vor einigen Tagen im *headquarter* der
Werbeagentur »Baylines« in San Francisco eintraf, stellte
sich die Gesamtsituation noch weniger rosig dar. Ur-
sprünglich hatte er mit seiner Frau die kalifornische Küste
entlangfahren wollen, Big Sur und so. Doch nachdem die
Gattin von ihren Facebook-Freundinnen irgendetwas von
Nebel und Drogen gehört hatte, wollte sie doch lieber die
Mittelmeerkreuzfahrt machen. Achtenmeyer aber hatte
sich schon innerlich auf den *californian way of life* ein-

gegroovt, und so schippert seine Frau jetzt ohne ihn vor Piräus.

Achtenmeyer war es gelungen, ein seit langem vergessenes Vorhaben seiner *company* wieder auszugraben: das »Management Exchange Program (MEP)«. Im MEP tauschen Führungkräfte für einige Wochen den Platz mit Managern bei Kunden, Zulieferern oder Partnerfirmen. »Baylines« beauftragte Achtenmeyer immer dann, wenn ein Slogan noch witziger, noch origineller, noch abgefahrener sein musste, als es die übrigen Werbefritzen ohnehin schon sind. Locker, entspannt, *easy going*, so hatte er die Kollegen an der *west coast* stets *gefigured* und daher für seinen ersten Tag nicht wie sonst stundenlang über die Farbe seiner Krawatte gegrübelt, sondern über den Spruch auf dem T-Shirt, das er über Surferhose und Flipflops im *office* tragen würde. Die Entscheidung fiel auf »Love me. I'm German«.

Dass die *security* ihn partout nicht reinlassen wollte und Edward, sein kalifornischer Vorgesetzter auf Zeit, runterkommen und die Sache klären musste, hatte Achtenmeyer noch zu einer schmunzelnd vorgetragenen Anekdote ummünzen wollen. Doch dazu kam es erst gar nicht, weil ihn die Belegschaft von »Baylines« – schwarze oder blaue Anzüge, teure Krawatten – ansah wie den ärmlichen und etwas zurückgebliebenen Vetter aus Moldawien, der unangemeldet zu Besuch gekommen ist.

Auch Achtenmeyers *headlines* für den neuen Energize-Drink, über die er immerhin den gesamten Flug nachgegrübelt hatte, lösten blankes Entsetzen aus, das nur notdürftig von amerikanischer Höflichkeit übertüncht wurde, wie ein Sahneklecks auf einem verbrannten Kuchenstück.

»Well, mein lieber Achtenmeyer«, nahm ihn Edward zur *lunchtime* beiseite, »actually dachten wir, du könntest uns ein wenig beim Controlling unter die Arme greifen. Kreativ sind wir selbst schon.« Controlling? Achtenmeyer ließ vor Schreck den Löffel in seine *clam chowder soup* fallen. Dafür war er nun um die halbe Welt geflogen, für *data mining* und *numbercrunching*, anstatt coole Slogans und freche Spots zu kreieren? Doch eines hatte er mittlerweile gelernt: Die Amerikaner lieben Hierarchien. Deshalb: *Don't mess with your boss.* Also dann, sei's drum,

Gleich nach dem *lunch* berief er ein *meeting* der Controlling-Abteilung ein (»2 PM, sharp«), hörte sich entsetzt den *status quo* an und skizzierte binnen zwanzig Minuten am Flipchart ein vollkommen neues System. Vielleicht ein wenig *over the top*, sein *approach*, doch am Ende des ersten Tages kam Edward zu ihm, klopfte ihm auf die Schulter und sagte: »Good job, man. Ihr Deutschen seid wirklich, wie sagt man, efficient!« Tja, dachte Achtenmeyer: Die Amerikaner lieben Hierarchien. Auch wenn die Hierarchie in diesem Fall inhaltlicher Natur war: Ein origineller Deutscher geht gar nicht. Ein effizienter Deutscher, auf den sollte man besser hören.

Weil sein neues System doch einiges an Arbeit auf den *mid-section-levels* nach sich zieht, hat Achtenmeyer jetzt erst mal drei Tage frei. »On the beach« sagen sie dazu, und er nimmt das durchaus wörtlich. Macht er sein *easy going* eben in der Freizeit. Am Freitag ist das nächste Meeting angesetzt, »result review by german managing-expert Achtenmeyer«. Höchstwahrscheinlich wird er eine rote Krawatte tragen. Die mit den feinen weißen Längsstreifen.

Corporate Kauderwelsch: Back in den driver seat zu kommen wird ein echter uphill fight

Wenn die *manpower* mal wieder nicht *performt* oder der *headcount* gefährlich *oversized* wirkt, dann sollte *asap top-level involved* werden, weil es ein paar *toughe* Entscheidungen zu *taken* gilt, um *corners* zu *cutten*. Aber hey, *don't worry*, wenn Müller den *lead* hat, wird er eine *fits-all-solution* finden, immerhin hat er sich dazu *clearly committed*.

Noch vor einigen Jahren hätten das nur Unternehmensberater (und eventuell Außerirdische) verstanden. Doch Businesssprech, diese bizarre Mixtur aus Anglizismen und verquastem Consulting-Deutsch, ist in den meisten Unternehmen längst *mainstream*, Pardon, Allgemeingut geworden. Da wird *gebrainstormed*, *recruited* und *gemilestoned*, bis das Flipchart zusammenbricht. Schließlich gilt es die korrekten *figures* zu *forecasten*, und das geht nur mit den richtigen *skills*, die man aber regelmäßig *updaten* sollte. Ein schwieriges Unterfangen, wenn vor lauter *meet & greet* kaum Zeit bleibt, sich zur *inhouse benchmark* zu entwickeln. Zwar liegen die geistigen Ursprünge des Corporate-Kauderwelsch tatsächlich bei den schneidigen Damen und Herren von McKinsey, Bain, Roland Berger & Co. Doch inzwischen gilt auch für »normale« Firmen: Konzernsprache = schlechtes Englisch.

So unglaublich das klingt: Das hat sogar Vorteile. Businesssprech ist ja nicht einfach nur eine Mischung aus Deutsch und Englisch (»Denglisch«), sondern integriert betriebswirtschaftliche Fachbegriffe (*turnover, monitoring*) und ist inspiriert von erzählerischen Kniffen, die sich vor allem im Amerikanischen finden. Das ist toll, wenn man zum Beispiel Unangenehmes zu verkünden hat (*cost cutting*), was einfach weniger gefährlich klingt, wenn es technischer tönt. Oder wenn man gerne im Ungefähren bleibt, dabei aber unbedingte Entschlossenheit ausstrahlen möchte. Dieses Kunststück gelingt mit Beratersprech erstaunlich gut, da sich viele englische Begriffe durch eine bemerkenswerte Kombination aus Griffigkeit und Vagheit auszeichnen.

Seine irritierende Faszination hat dem Business-Englisch einen Siegeszug ermöglicht, der längst über die Unternehmenspforten hinausgeht. Im Netz gibt es ironische Fanseiten, wie etwa die sehr gut gemachte Adresse beratersprech.de des Kollegen Tom Hillenbrand, wo sogar Merchandising-Artikel zu erwerben sind – etwa T-Shirts mit Aufdrucken wie »Was sagt Legal zu dem draft?«.

Doch der Business-Sprech hat längst auch unseren Alltag unterwandert. Wir *voten* bei Castingshows und ärgern uns über *no-shows* bei Partys, wir setzen Dinge »ganz oben auf die Agenda«, wir geben dem Hochzeitstag »Prio eins« und machen *calls*, statt zu telefonieren.

Zu schade, dass die Wirtschaft, wo alles anfing, schon wieder *one up* ist, also einen Schritt weiter. Beratungen, aber auch Unternehmen versuchen, wieder mehr Deutsch zu sprechen. Zum einen, weil der Business-Sprech als cooles Unterscheidungsmerkmal nicht mehr *performt*; zum anderen, weil dann doch nicht jeder Kunde restlos begeistert ist – und der zahlt schließlich die Rechnung.

Der sprachliche Retro-Trend macht die Sache allerdings nicht unbedingt besser, weil nun allzu oft angelsächsische

Business-Vokabeln einfach rückübersetzt werden, was zu neuerlichen Wortmutanten führt. Dann werden »Prozesse aufgesetzt« oder »Inhalte generiert«, damit »am Ende des Tages« mit dem Ergebnis alle »fein« sind.

Die Ergebnisse der Rückbesinnung lassen also noch zu wünschen übrig. Zwar ist der Geist willig, doch das Fleisch ist schwach (Matthäus 26, 41). Anders formuliert: Im *doing* ist halt noch ein *gap*.

Ohrfeigen sind die besseren
Marketing-Workshops

**Um zu erfahren, wie der Konsument wirklich tickt,
lassen sich teure Umfragen in Auftrag geben
und noch teurere Berater engagieren.
Ein Kurzurlaub mit der Gattin ist aber günstiger —
und wesentlich effizienter.**

Das Verhältnis von Job und Privatleben durchläuft derzeit einen Paradigmenwechsel. Achtenmeyer schließt das aus der regelmäßigen Lektüre einschlägiger Fachzeitschriften wie »Für Sie« oder »GQ«. Danach halten *Old-School*-Führungskräfte Firma und Familie strikt getrennt: Dienst ist Dienst und Schnaps ist Schnaps. Dagegen werden die *leaders of tomorrow* zunehmend mit Sätzen zitiert wie »Mein wichtigster Ratgeber ist meine Frau« oder »Zu Hause habe ich immer die besten Business-Ideen«. Unnötig zu erwähnen, dass er selbst die *benefits* dieser ganz speziellen Spielart von *inhouse consulting* schon seit langem zu schätzen weiß. Das hat zum einen ganz pragmatische Gründe — Achtenmeyer hat PowerPoint nie richtig verstanden und überlässt das *fine-brushing* der Folien deshalb seiner Gattin. *First of all* aber ist es der ganz leichten Unwucht zu verdanken, die seine Ehe in puncto *balance of power* aufweist und die neulich wieder zutage trat, als seine Frau sagte: »Entweder nimmst du mich mit auf deine Geschäftsreisen, oder ich lasse mich scheiden.«

Seither gleichen seine Business-Trips einem Wanderzirkus, der bevorzugt dort auftritt, wo irgendein Fashion-Label eine besonders schöne Filiale hat. Im März bewunderte er den Flagship-Store von Gucci in New York. Danach war eine Versace-Schmuckboutique in Rom an der Reihe, und gerade hat er die *timings* für den Moskau-Trip finalisiert, inklusive Quick-Stop im Shop von Emporio Armani am Roten Platz.

On first sight mag das den einen oder anderen Euro mehr kosten, doch kreativitätsseitig lassen sich eine Menge Effizienzen heben. *Meaning*: Ein Fashion-Trip ersetzt zehn traditionelle *consumer-polls*, und das ist noch konservativ geschätzt. Zum Beispiel dieses neue Hotel eines italienischen Mode-Labels, das Achtenmeyer bislang vorrangig in Form von Jeans für magersüchtige Vierzehnjährige wahrgenommen hat, die ihr kaum vorhandenes Hinterteil gern zur Schau stellen. Preislich nur einen Hauch über H&M, dachte er abschätzig aus der Höhe seiner Gehaltsklasse herab. Das Hotel entpuppte sich dann jedoch als cool-edle Vier-Sterne-Location, deren Zimmer ganz individuell von ambitionierten Jungkünstlern gestylt worden waren.

Eine perfekte Gelegenheit zum *pulse-check* seiner Zielgruppe, die ja – zumindest aus Achtenmeyers Perspektive – auch immer jünger wird und zudem eine Vorliebe für gewöhnungsbedürftige Ironie pflegt. »Don't fall asleep« stand über dem Bett, und in einem akuten Anfall ehelicher Solidarität nahm Achtenmeyer seine Frau in den Arm und sagte scherzhaft: »Liebling, ich fürchte, ich bin zu alt für dieses Hotel und du für diese Jeans.« Die folgende Ohrfeige bescherte ihm mehr *insights* über die richtige Kundenansprache, als es ein überteuerter Marketing-Workshop jemals vermocht hätte.

Mango ist doch ziemlich last century

**Gern verlassen Führungskräfte älteren Semesters
ihre klimatisierten Einzelbüros, um draußen
an der Front noch mal juvenil aufzutrumpfen.
Das ist gefährlich, denn älter werden
ist nun wirklich keine Frage von Jahren.
Sondern der strategischen Planung.**

Ein lauer Abend senkt sich über die Hauptstadt. Achtenmeyer war heute im Prenzlauer Berg (zu hip), in Charlottenburg (zu alt) und in Kreuzberg (geht gar nicht). Er hat *store-checks* in 14 Supermärkten gemacht, wobei 11 davon ein vorbildliches *shelf-management* vorweisen konnten, zwei sich nach einem intensiven *face-to-face* fortan bemühen wollen und einer so *off track* war, dass Achtenmeyer für die folgende Woche einen Termin mit dem Regionalleiter gemacht hat. Einziger Tagesordnungspunkt: die Neubesetzung der Filialleiterposition.

Ein rundum gelungener Tag also, und jetzt gönnt er sich eine Auszeit auf dem weißen Designersofa seines alten Kommilitonen Hans und trinkt Champagner. Hans ist Chief Operating irgendwas einer *upcoming* Biotech-Firma, irgendeine superangesagte Sache mit Gentechnik, vielleicht auch künstliche Intelligenz, so genau weiß Achtenmeyer das nicht. Sicher ist nur: Hans hat's geschafft, so wie Achtenmeyer auch. Deshalb gibt es heute keine labbrige Pizza und Dosenbier wie in Studententagen, sondern Dom Pérignon

und Lachsmaki mit japanischem Berggemüse auf Seidento-
fu. Hans hat es bei einem High-End-Lieferservice bestellt,
der für seine anspruchsvollen Kunden die Gerichte von Dut-
zenden ausgewählten Berliner Restaurants im Angebot hat
und sie von einer Art fahrendem Butler in weißem Hemd
und schmaler schwarzer Krawatte bringen lässt. Die passende Getränkewahl kann man am Telefon mit einem Somme-
lier diskutieren.

»Alt sind wir geworden«, sagt Hans, »alt und anspruchsvoll.« Aber Achtenmeyer hört gar nicht hin; er überlegt,
wie er »Thirst's worst Enemy« bei dem Lieferservice unter-
bringen könnte. Ein Energydrink mit Mango, der so
schlecht läuft, dass er in der *company* nur noch als
»Achtenmeyer's worst enemy« bekannt ist. »Mensch, Hans,
da ruf ich gleich morgen an und mach einen Termin, was
meinst du?«, begeistert sich Achtenmeyer. So wie früher,
als er noch richtig an der Kundenfront kämpfte, da, wo das
business ist. Nicht wie heute, bequem am Schreibtisch, mit
balanced scorecard, *Quality-Management*, *strategic planning* –
was für ein Quatsch. Raus aus der Hütte, ran an den
Kunden, rein ins Regal.

»Raus, ran, rein, das war unser Motto, weißt du noch?«,
jubelt Achtenmeyer, der sich plötzlich wieder fühlt wie 25
und nicht mehr wie jemand, der sich nicht mehr erinnern
kann, wie oft er seinen 39. Geburtstag schon gefeiert hat.
»Ja, ja, schon.« Hans schüttelt langsam den Kopf. »Aber
Mango? Ich weiß nicht. Das gibt es doch in jeder Dönerbude
im Wedding. Ist ziemlich *last century*. Hast du nicht wenigstens was mit Granatapfel?«

Achtenmeyer schluckt. Das Gleiche hat der Vertriebslei-
ter auch schon gesagt. Offenbar ist die Sache mit dem Alter
doch komplexer als gedacht. Nicht nur man selbst wird

älter – die anderen werden auch immer anspruchsvoller. Eine klassische Problemstellung für das *strategic planning*. Gleich am Montag wird er ein Projekt aufsetzen.

Simpel ist das neue Sophisticated

Oft ist weniger mehr, aber manchmal ist weniger auch einfach nur weniger. Was das für die Karriere bedeutet, zeigt ein Ausflug ins Reich von Erdbeermarmelade und Flugzeugträgern.

Mit großer Sorge verfolgt Achtenmeyer die Entwicklung in der Marmeladenbranche. Seit einigen Jahren übertrumpfen sich die Konfitüre-Kocher mit immer abenteuerlicheren Kreationen. Mit »Erdbeer-Vanille« fing es einst an; mittlerweile gibt es kaum noch Marmeladen, die nicht aus wenigstens drei Komponenten bestehen, von denen eine mindestens so exotisch sein muss wie Papaya oder Guarana. Die klassische Erdbeermarmelade ist vom Aussterben bedroht.

Allerdings ist es nicht sein in die Defensive geratener Marmeladen-Favorit, der Achtenmeyer ins Grübeln bringt. Sondern die Tatsache, dass er als Marketing-Manager eigentlich von jeder Spielerei, jedem noch so verrückten Produkt-Spin-off, begeistert sein müsste. Er lebt schließlich davon. Dass er nun ausgerechnet die schlichten Klassiker schätzt, ließ ihn zuletzt beinahe an seiner Berufswahl zweifeln.

Zumal die neue Elaboriertheit nicht am Frühstückstisch haltmacht, sondern direkt durchmarschiert in sein *office*. Und zwar in Form von schier unzähligen schneidigen Trainees, die ihre 150 Praktika und MBAs selbstredend nur an Top-Adressen absolviert und für seine Reden vom Wert des Operativen (»Ich hab das *shelf-management* bei unserem

Top-Customer entworfen und dann eigenhändig die Regale eingeräumt«) nur ein müde-verbindliches Lächeln übrig haben. Opa erzählt vom Krieg.

Wobei der Krieg, genauer gesagt die Kriegführung, noch genauer gesagt, das Nachdenken über dieselbe, Achtenmeyer zuletzt wieder Hoffnung gemacht haben. Neulich las er den Aufsatz eines hochrangigen US-Admirals. Die Details einmal beiseitegelassen, war die These im Grunde: Immer komplizierteres, immer teureres Equipment ist ein rüstungstechnischer Irrweg. Warum immer noch eine Stealth-Technologie entwickeln, wenn jeder dahergelaufene Wüstenkrieger, der drei Abendkurse an der University of Applied Sciences in Teheran belegt hat, sie mit ein paar Hackertricks plattmachen kann?

Stattdessen verwies der Admiral auf zwei sehr betagte Erfolgsmodelle der US-Streitkräfte: Den 50 Jahre alten Flugzeugträger »USS Enterprise« und die B52-Bomber, vor 60 Jahren in Dienst gestellt. Beides also Relikte mit vorsintflutlicher Technik, aber günstig in Anschaffung und Unterhalt, robust, simpel – und offenbar unschlagbar. Die B52s etwa sollen noch jahrzehntelang Dienst tun. Solides Lastpferd schlägt launische Spezialisten-Diva, formulierte Achtenmeyer sein *learning* nach der Lektüre.

Derart munitioniert, fühlte er sich bestens gerüstet fürs *Product-Planning-Meeting*. Üblicherweise übertrumpfen sich dort alle mit möglichst *crazy* Ideen für Wellness-, Energy- und Wasauchimmer-Drinks. Besonders die schneidigen Trainees werfen tonnenweise Folien an die Wand, vollgestopft mit Diagrammen und absurden Innovationen. Weil Achtenmeyer die Euphorie regelmäßig mit Zwischenfragen bremst, geht er meist als bedenkenträgerischer alter Zausel vom Platz.

Heute aber wird er sein Lob der Simplizität singen, dass den Herren Elite-Absolventen die Ohren klingeln. Während Trainee Börner erwartungsgemäß eine komplizierte Grafik nach der anderen aufruft, reibt sich Achtenmeyer innerlich die Hände. Gleich, gleich werden seine B52s aufsteigen und den Gegner am Boden vernichten.

»Soweit also die Marktforschung«, resümiert Börner und Achtenmeyer macht sich bereit. Aber Börner ist noch nicht fertig, sondern zeigt jetzt eine alte Frau mit Krückstock. »Das ist meine Großmutter«, sagt Börner. »Ich habe sie gefragt, was sie am liebsten trinken möchte. Ihre Antwort? Einfach etwas gegen den Durst.« Der schneidige Trainee klappt den Laptop zu und sagt gewichtig: »Lassen Sie uns die Dinge einfach halten. Robust, simpel, unschlagbar. Denn Simpel ist das neue Sophisticated.«

Achtenmeyer ist derart überrumpelt, dass er vor Schreck applaudiert. Noch nicht mal eine Zwischenfrage hat er gestellt. Erst im Büro, zurück an seinem Schreibtisch, fällt ihm eine ein: Warum muss selbst das Einfache so kompliziert sein? Nachher wird er die Frage ins Englische übersetzen. Und direkt an den Admiral schicken.

Lessons learned

Keep it short and simple: Die gute alte KISS-Regel hat sich in Werbung und Marketing bewährt, und es gibt keinen Grund, warum sie das nicht auch im Management tun sollte. Klar in der Aussage, konsequent in der Umsetzung – das sind für eine Führungskraft nicht die schlechtesten Eigenschaften.

Reduce to the max: Simpel bedeutet nicht, dass man sich keine Gedanken machen muss. Im Gegenteil: Gerade das Schlichte erfordert meist mehr Arbeit und Grips als das Komplizierte (und dadurch weniger Durchdachte). Bestes Beispiel: Apple. Das ist auch der Grund, warum Einfaches dann eben doch ziemlich komplex ist.

Vorbild Cäsar & Co.: Die Strategien großer Feldherren und andere Maximen auf das Wirtschaftsleben zu übertragen wird immer wieder versucht und übt auf Manager eine große Faszination aus. Kann gelingen, muss aber nicht. Zumal bei allen Parallelen ein Unterschied fundamental ist: In der Wirtschaft kann es auch im Wettbewerb viele Gewinner geben. Im Krieg gibt es immer einen Sieger – und einen Verlierer.

When in rome …: Ob Praktikum, neuer Job, ja selbst im Urlaub – wo man von außen in eine neue Welt eintritt, ist es nicht nur ein Gebot der Höflichkeit, sondern vor allem der Klugheit, sich in formalen Angelegenheiten nach den dort üblichen Standards zu richten. Alles andere bietet unnötige Angriffsfläche, sorgt für Irritationen und bindet Energie, die sich besser nutzen lässt.

Exotisches von der Schwäche zur Stärke umwandeln: Als Neuer kommt man in gewachsene Strukturen. Es ist sinnlos, auf Feldern konkurrieren zu wollen, auf denen andere bereits als Experten oder Chefs anerkannt sind. Anstatt eigene Besonderheiten zu verstecken, sollten sie offensiv ausgespielt und zum Markenzeichen gemacht werden: Wie kann die neue Organisation von mir am meisten profitieren? Besser gut in einer Sache als Mittelmaß in vielem.

III.

Humane Ressourcen

Die lieben Kollegen und andere Ärgernisse

Im Büro ist niemand allein. »Teamfähigkeit« wird in jeder Stellenausschreibung verlangt, und selbst der eigenbrötlerischste Nerd kann seinem Expertentum nur begrenzt im Einzelzimmerchen frönen, weil früher oder später jemand kommt und von diesem Expertentum profitieren möchte.

Einem Mittelmanager wie Achtenmeyer präsentiert sich die Lage in verschärfter Form: Angesiedelt in der Mitte der Unternehmenshierarchie, ist er Chef und Untergebener zugleich. Von oben, namentlich von seinem unterkühlt-energischen Vorgesetzten Dr. Karl, hagelt es Anordnungen – während unten Lustlosigkeit, Unfähigkeit oder gar offene Feindschaft herrschen. Ab und an hat Achtenmeyer es auch mit richtigen Strebern zu tun, die er schleunigst ausbremsen muss – entstünde doch sonst der ungünstige Eindruck, da wäre jemand, der den Job viel besser draufhat als er.

Geschicktes Lavieren zwischen oben und unten ist deshalb die der mittleren Führungskraft ureigene Daseinsform. Achtenmeyer muss seinen Mitarbeitern weismachen, es wäre zu ihrem Besten, wenn sie ihre Hotel-, Mietwagen- und Flugreisen-Punkte ihm übertragen, weil seine eigenen

nicht für die begehrte Prämie reichen. Er muss Konkurrenten wie den lästigen Baumgarten auf Abstand halten und
übereifrige Kollegen wie Hirrlemann am Intrigieren hin-
dern.

All dies tut er mit einiger Bravour, denn bei aller Täppisch-
keit, die ihn sonst auszeichnet, fühlt er sich im beliebten
Büro-Spiel aus Tricks und Mikro-Politik wohl wie ein Fisch
im Wasser. Was natürlich nicht ausschließt, dass da draußen noch größere Fische unterwegs sind.

Karrieresprünge auf der Couch

Zieht die Firma um, werden nicht nur Möbel und technische Geräte verrückt, sondern auch Machtgefüge und Allianzen. Schon eine Sitzecke gewinnt da plötzlich massiv an Bedeutung.

Obwohl Neider ihm das Gegenteil nachsagen, legt Achtenmeyer wenig Wert auf irdische Güter. Sein kleiner italienischer Sportwagen, sein Weinkeller, seine IWC – das verbucht er unter Genuss und nicht unter Luxus. Denn im Grunde seines Herzens fühlt sich Achtenmeyer als Freigeist, dessen Höhenflüge durch so wenig Weltliches wie möglich gebremst werden sollen. Deshalb ist er immer schon ein Anhänger der *clean desk policy* gewesen. Auf seinem Schreibtisch steht sein Laptop, daneben liegt sein iPhone. Das ist alles, das ist sein Büro. Bücher hat er keine, Zeitschriften wirft er nach dem Lesen weg, und die Akten hält Frau Schnitzel in Ordnung.

Über den Umzug seiner *company* in ein schickeres Gebäude in einem angesagteren Areal der Stadt machte sich Achtenmeyer entsprechend wenig Gedanken. Eine Kleinigkeit, die kleinere Geister als er hingebungsvoll über Monate weg diskutieren können. Aber nicht er. Schließlich muss er eine Abteilung führen.

Höchstens, dass er mal bei Kollegen vorbeischlenderte, zum Beispiel bei Mohnke reinschaute, dem armen Teufel. Eine geschlagene Woche lang war Mohnke damit beschäftigt, seine Bücher einzupacken (»Marketing. Die Grundlagen«), als ob totes Holz aus ihm einen besseren Manager machen würde. Oder seine affige Couch von Charles Eames, die er für seine »Besprechungen« brauche. Als ob Mohnke jemals »Besprechungen« von Bedeutung abzuhalten hätte.

Und dann die Fotos von Mohnkes Familie, Kindergeburtstag, Weihnachten, der Urlaub in Vietnam. Als ob es noch eines Beweises bedurft hätte, dass Mohnke zu viel Freizeit hat. Weil er eben keine Stütze der Firma ist wie Achtenmeyer, der überhaupt keine Zeit hätte, um Familienbilder umständlich zu rahmen und aufzuhängen. Geschweige denn für eine Familie.

Als der »große Tag« da ist, wie Achtenmeyer mit maliziösem Lächeln den Umzugstermin nennt, packt er mit demonstrativer Nonchalance seinen Laptop in eine Umzugskiste. Das iPhone legt er daneben, um den Eindruck lässiger Leere, die in der Kiste herrscht, noch zu betonen. Schließlich wird der Karton in null Komma nichts im neuen Haus sein, es sind keine fünf U-Bahn-Stationen bis dahin, und Achtenmeyer absolviert sie fröhlich pfeifend.

Am nächsten Tag sitzt er in seinem komplett leeren, neuen Büro und schaut über die Dächer der Stadt. Wahrhaftig, ein atemberaubender Anblick, doch nachdem Achtenmeyer ihn eine Dreiviertelstunde genossen hat, verspürt er doch das dringende Bedürfnis zu arbeiten. Nur: Seine Umzugskiste ist verschollen und bleibt es auch ein Dutzend Anrufe beim Transportunternehmen, der Haustechnik und dem firmeneigenen Umzugskoordinator später.

In einer entnervten Übersprunghandlung beschließt Achtenmeyer, ein wenig über die Flure zu schlendern. Als er an Mohnkes Büro vorbeikommt, registriert er befriedigt, dass es deutlich kleiner ist als sein eigenes. In bemerkenswerter

Fleißarbeit hat es Mohnke dennoch geschafft, seine Bücher zu verstauen, seine Familienfotos aufzuhängen und sogar seine affige Eames-Couch hineinzuquetschen. Und auf dieser Couch sitzt jetzt Dr. Karl. »Na, mein lieber Achtenmeyer, sind Sie aus Ihrem *office* geflohen?«, kräht sein Vorgesetzter. »Gemütlich hier, nicht wahr? Ich wollte erst bei Ihnen vorbeischauen, aber diese Leere war ziemlich bedrückend.«

Dr. Karl nimmt die Lesebrille ab, stets ein sicheres Zeichen, dass er gleich philosophisch wird. »Wissen Sie, solch ein Umzug macht uns noch mal bewusst, in welch unsicheren Zeiten wir leben. Ökonomisch, privat, *the whole picture*. Da fühlt man sich richtig geborgen nur bei Menschen wie dem guten Herrn Mohnke hier, mit seinen Familienfotos und dem bequemen Sofa. Ehrlich gesagt, hatte ich mich schon im alten *headquarter* gefragt, warum ein Mann in Ihrer Position keine Sitzgruppe hat. Halten Sie etwa keine Besprechungen ab?«

Aber Achtenmeyer ist schon wieder weg. Zum x-ten Mal heute ruft er die Haustechnik an. Jaja, sein Karton ist noch nicht aufgetaucht, das sei aber auch egal jetzt. Wichtig sei vielmehr seine Bestellung: eine Vierer-Sitzecke von Charles Eames. Ja genau, mit Beistelltisch von Le Corbusier. Für die Bücher, die er nachher noch rasch besorgen wird.

Punkte sammeln mit dem human factor

Sogar Loyalität hat ein Verfallsdatum.
Besonders, wenn sie aus Plastik ist.

Schon seit den Tagen, als man statt *human factor* noch sagte, dass »die Chemie stimmen« müsse, ist Achtenmeyer im Zwischenmenschlichen unübertroffen. In regelmäßigen Abständen organisiert er für die Mitglieder seines Projektteams *touchpoints* in den diversen Filialen einer hochpreisigen Hotelkette. In jüngster Zeit sind die Abstände deutlich kürzer geworden, weil seine Hotel-Bonuspunkte sonst nicht für die geplante Kreuzfahrt reichen. Und Achtenmeyer hat sich bestimmt nicht durch Dutzende Seiten Kleingedrucktes gequält, um am Ende ein paar läppische Flugmeilen zu kriegen, von denen er schon mehr als genug hat. Ebenso wie Handtücher und Montblanc-Kulis. Es hat sich viel getan, *mindsetmäßig*, seit seinem *wake-up-call* vor einigen Jahren, als die Drogistin nach seiner Payback-Karte fragte und er dastand wie ein Trottel. Obwohl als Mann vom Fach mit den nicht nur uneigennützigen Hintergründen der Bonuskarten vertraut, übte die Fleißkärtchen-Welt sofort eine ebenso morbide wie unwiderstehliche Faszination auf ihn aus, wie es sonst nur Doku-Soaps auf RTL 2 vermögen. Die Phase der Alessi-Teekessel und afrikanischen Salatbestecke liegt hinter ihm; mit seiner zwei Finger dicken Kartensammlung hat er längst andere *targets* im Blick, in deren *range* Gratismietwagen noch das mindeste sind. Achtenmeyer gefällt das *big picture* hinter den Happy Digits und Konsorten, diese großväterliche Mixtur aus Lebensmittelkarte und Nibelungentreue. Es ist der Retrolook des globalisierten Konsums: In den kleinen Punkten zeigt sich die Rückkehr der großen Werte. Am Ende des Tages geht es doch darum: Loyalität, Vertrauen, Nachhaltigkeit. Eine Bonuskarte, das ist *sustainability* in Plastik.

Ein System, das sich auch hervorragend zur Führung von Mitarbeitern eignet. Im Kopf unterhält Achtenmeyer für jeden seiner Leute ein Punktekonto. Herrn Baders *track record* zum Beispiel sieht leider gar nicht gut aus, sogar das Teekesselniveau scheint für ihn derzeit unerreichbar. Achtenmeyer verlangt viel, er will *highflyer* und *Out-of-the-box*-Denker, keine MBA-Klone mit *Ready-made*-Antworten. Soweit das Inhaltliche, gewissermaßen die Prämienmeilen, wo Bader ganz okay abschneidet. Aber da sind noch die Statusmeilen, eben der *human factor*: Verlässlichkeit, Loyalität. Und was ist davon zu halten, wenn Bader trotz ausdrücklicher Bitte, beim Auschecken die Bonuspunkte auf seine, Achtenmeyers, Karte zu übertragen, diese elementare Voraussetzung ihrer Zusammenarbeit einfach »vergisst«? Und ihn so zwingt, das nächste Treffen eine Woche früher zu *schedulen*, weil sonst seine Kreuzfahrtkalkulation baden geht? Eben. Morgen wird er Bader zum *one-to-one* in sein Büro bitten und ihm zur Chance gratulieren, sich neuen beruflichen Herausforderungen widmen zu dürfen. Schließlich hat alles eine Grenze. Sogar Achtenmeyers Loyalität gegenüber Mitarbeitern.

Der Sieg der zweiten Reihe

Der Kampf um Talente geht in die nächste Runde. Da ist Kreativität gefragt. Selbst wenn sie zu Lasten des eigenen Egos geht.

Als politisch interessierter Kopf hat Achtenmeyer neulich wieder ein Buch gelesen. Es trug den verheißungsvollen Titel »Der demokratische Wandel«, und Achtenmeyer sah sich schon beim Bezahlen in der Buchhandlung eintauchen in eine Welt edler Befreiungskrieger und heroischer Aufstände. Als er auf Seite 82 angelangt und noch kein einziger Held aufgetaucht war, betrachtete er das Buchcover genauer. Siehe da: Tatsächlich lautete der Titel »Der demographische Wandel«. Und seither hat Achtenmeyer drei Nächte lang kein Auge zugetan, weil ihn die Frage umtreibt, wo er künftig ausreichend kluge Nachwuchskräfte für seine Abteilung finden soll.

Wie so oft liefert ihm seine Frau die Lösung. Mit tiefen Ringen unter den Augen stiert Achtenmeyer trübsinnig in die Kaffeetasse, als seine Gattin bemerkt: »Die Nachbarn haben übrigens den Turbo-Cayennne, nicht den normalen wie wir. Aber das ist schon in Ordnung, mein Schatz. Irgendwie mag ich es, dass es für dich nicht immer das Allerbeste sein muss.«

Achtenmeyer will schon seinen üblichen rhetorischen Gegenangriff starten, da durchzuckt ihn die Erkenntnis wie ein Stromschlag: Warum sich im *war for talents* konzentrieren auf die *top five percent*? Mal ehrlich: Diese Überflieger bringen doch nur Unruhe in seine gemütliche Abteilung. Statt sich um die zu balgen, die alle wollen, wäre es doch viel klüger und effizienter, einfach eine Stufe niedriger anzusetzen: *second best* ist Trumpf.

Im Büro angekommen, entwirft Achtenmeyer flugs die neuen *guidelines* fürs Recruiting: Notenschnitt um eine Stufe runter, Fremdsprachen und Auslandsaufenthalte sind okay, aber kein *must* mehr, und das Allerwichtigste, gewissermaßen sein ganz persönlicher Geniestreich: Geworben wird nicht mehr aufwendig auf Absolventenmessen, in Hörsälen und mit teurem Social-Media-Klimbim, sondern dort, wo einem die Zweitbesten auf dem Silbertablett präsentiert werden.

Denn selbstverständlich ist Achtenmeyer bestens informiert über die Recruitingaktivitäten seiner Branchenwettbewerber. Er muss seine Personaler also nur anweisen, sich vor den Türen der Konkurrenz aufzustellen und auf die jungen Leute zu achten, die mit krummem Rücken und trauriger Miene das Gebäude verlassen, weil sie soeben eine Absage kassiert haben. Die sind dann natürlich nicht gerade die *highflyer*, aber dafür sicher äußerst offen für ein Angebot, das ihr Selbstbewusstsein wieder ins Lot rückt.

Als *hands-on*-Manager alter Schule probiert Achtenmeyer seine Idee gleich selbst aus. Vor dem *headquarter* des wichtigsten Konkurrenten kauft er sich am Kiosk eine Zeitung und einen Kaffee *to go* und lungert geschlagene zweieinhalb Stunden vor der imposanten Lobby herum. Was allerdings in PowerPoint so einfach schien, erweist sich in der Realität als echte Nervenprobe: Nicht ein einziger trauriger Bewerber tritt durch die Tür. Er will schon aufgeben, als er einen kräftigen Schlag auf die Schulter erhält. »Mein lieber Achtenmeyer, wie schön, Sie einmal bei uns zu sehen!«, dröhnt Musdorf, sein *counterpart* bei der Konkurrenz, bekannt und verhasst aus zahlreichen Rabattschlachten, Marketing-Kriegen und Werbespot-Duellen. »Läuft wohl nicht mehr so rund bei Ihnen, was?«, fabuliert Musdorf fröhlich weiter. »Aber keine Sorge: Für Sie haben wir hier immer ein schönes Pöstchen frei. Schließlich muss man nehmen, was man kriegen kann. Demographischer Wandel und so, Sie wissen schon.«

Man muss die ganze Sache positiv sehen, denkt sich Achtenmeyer auf dem Heimweg: Wenn sogar Super-Musdorf sich jetzt nach *Second-Bests* umschaut, kann das Konzept ja nicht ganz schlecht sein. Kein Zweifel: Im *war for talents* hat er eine Schlacht verloren. Aber nicht den Krieg.

Warum Hirrlemann keine Zeit mehr zum Intrigieren hat

Eine Führungskraft muss Prioritäten setzen können. Es sei denn, andere Dinge sind wichtiger.

Seit er in seine erste Führungsposition befördert wurde, ist Achtenmeyer klar, dass er es liebt zu entscheiden. Produktstart *first* oder *second quarter*? Neue Kaffeemaschine oder tut's die alte noch ein Jahr? In Momenten wie diesen blüht er auf. Denn Tatsache ist doch: Alles, was schwarz oder weiß ist, landet gar nicht erst auf seinem Tisch, für diese Entscheidungen hat er seine Leute. Es sind die kniffligen Graubereiche, in denen sich die hohe Kunst des Managements zeigt.

Allerdings scheinen Schwarz und Weiß in letzter Zeit zunehmend zu verschwinden, und Achtenmeyers Schreibtisch sieht mittlerweile aus wie das Klubheim der grauen Herren aus »Momo«. Aktuell ist da die Sache Hirrlemann, dessen Akte schon seit zwei Tagen ganz oben auf dem höchsten der vier *To-do*-Stapel liegt. Dies ist die Kehrseite der Medaille: Achtenmeyer liebt es zu entscheiden. Stundenlang arbeitete er sich durch die beachtliche Aufstellung hässlicher kleiner Intrigen, die Hirrlemann, in den Augen der Kollegen, binnen elf Monaten zu einer modernen Mischung aus Rasputin und Kardinal Richelieu werden ließen. Tags darauf verwendete er – schon aus Gründen der Objektivität – ebenso viele Stunden auf die gleichfalls beachtlichen *performance figures*

Hirrlemanns. Dann wurde er jäh von Dr. Karl aus seinen Betrachtungen gerissen, der sich wütend erkundigte, wann er endlich den Marketingplan für das nächste Jahr bekäme. »Offensichtlich müssen Sie an Ihrem Prioritätenmanagement arbeiten«, sagte Dr. Karl. »Warum besuchen Sie nicht unser aktuelles Training? Mir hat das eine Menge gebracht.«

Keine Stunde später saß Achtenmeyer dem *Priority Coach* gegenüber. Prioritäten, sagte das dürre Männlein und linste über seine Nickelbrille, lassen sich am leichtesten setzen, indem man gar nichts tut, sondern einfach entspannt. Dann sehe man schnell, welche Nichtentscheidung die schlimmsten Konsequenzen habe – das sei dann die wichtigste gewesen. Keine Konsequenzen, keine Priorität. *Dead easy.*

Dem bahnbrechenden Ratschlag des Profis ließ Achtenmeyer sofort Taten folgen, indem er sich in ein neues Spa begab, dessen kühl-robustes Ambiente eigens für maskuline Führungskräfte *in search for* Stressabbau entworfen schien. Dort absolvierte er ein Ganzkörperpeeling mit Mineralsalz sowie ein Rücken- und Schulter-Waxing. Solchermaßen erfrischt, spendierte er sich noch einen Besuch in der Sauna, wo er auf den völlig erschöpften Hirrlemann traf. »Brauche etwas Entspannung, wird eine harte Woche«, erklärte Hirrlemann keuchend: »Kaum zurück vom Prioritätentraining, hat Dr. Karl mir den Marketingplan aufgedrückt.« Ein Genie, dieser Coach, dachte Achtenmeyer und feierte die Lösung seines Doppelproblems mit einem extra scharfen Minzaufguss. Der Marketing-Plan ist derart aufwendig, da wird Hirrlemann ganz neue Prioritäten setzen müssen. Zum Intrigieren kommt er da gar nicht mehr.

Waldorfschule meets Müllabfuhr

Wer es als Talent in ein Elite-Netzwerk schafft, dem steht der Weg nach oben in der Regel offen. Die Ausnahme bilden Netzwerke, in denen mit Gemüse gemalt wird.

Als berufsmäßiger Entscheider glaubt Achtenmeyer nicht an Zufälle. Gestern hat Dr. Karl ihm eröffnet, dass er ihn für das Elitenetzwerk »Leaders of Tomorrow« nominieren möchte. Heute liest er in einer Fachzeitschrift, derartige Netzwerke wiesen nicht selten eine überraschende Dichte an B-Klasse-Führungskräften auf. Warum? Weil in großen Organisationen oft folgende Konstellation entsteht: Manager A. (der Anfangsbuchstabe sei jetzt einmal ganz willkürlich gewählt) ist ein Topmann, smart, alert, vorgesehen für höhere Weihen. A. bewährt sich als Talent, macht einen guten Job und sich selbst Hoffnungen. Da taucht plötzlich Manager B. auf. Ebenfalls smart, alert, und womöglich macht er seinen Job sogar noch einen Tick besser als A., weshalb *top-level* nun eher ihn für höhere Weihen *considered*. Doch was tun mit A., der nach wie vor ordentlich *delivered*? Man muss ihm etwas geben, damit er nicht schmollt, und weil die firmeninternen *ranks and titles* alle schon weg sind, steckt man ihn in ein Elitenetzwerk. Zumal B. für so etwas in seiner neuen, verantwortungsvolleren Position ohnehin keine Zeit mehr hätte.

So läuft das also, denkt Achtenmeyer verbittert, dem natürlich nicht entgangen ist, wie Dr. Karl in den vergangenen

Monaten immer anspruchsvollere Aufgaben an den New-comer Bergel (B.!) übergeben hat. Doch noch bleibt Zeit zum Gegenschlag. *First thing*, eine höfliche Absage an Dr. Karl: Fühle mich sehr geehrt, doch das operative Geschäft, *you know*, wäre mir sehr unrecht, die Mannschaft im *budget planning* alleinzulassen, et cetera. Dann ruft er Bergel an und ernennt ihn feierlich zum Team-Captain eines umwelt-freundlichen Teambuilding-Programms irgendwo in der Nähe von Paris. Hindernisparcours mit Elektromobil, Skulpturen aus recycelten Materialien, Malen mit Zitronen und Rotkohl.

»Klar, das klingt wie Waldorfschule meets Müllabfuhr«, kommt Achtenmeyer Bergels Einwand zuvor. »Aber, mein lieber Bergel, Sie verbinden hier die zwei Megatrends der Zukunft: *sustainable development* und kooperatives Manage-ment. Womit könnten Sie sich besser für höhere Weihen empfehlen? Glauben Sie mir, ich habe gerade Sie mit Be-dacht für diese hochprioritäre Aufgabe ausgewählt.« Letzte-res stimmt sogar, denkt Achtenmeyer und ruft dem solcher-maßen besänftigten Bergel noch hinterher: »Und vergessen Sie nicht, Dr. Karl Fotos von dem Event zu schicken, damit Ihr Engagement auch gewürdigt wird.«

Einige Tage später steht Dr. Karl in Achtenmeyers Büro und wedelt aufgeregt mit einem Bildausdruck. »Was denkt dieser Bergel sich? Mitten im *budget planning* malt der mit Gemüse?« Tja, bedauerlich sei das, murmelt Achtenmeyer, aber Bergel sei offensichtlich nicht geeignet für höhere Wei-hen. Rauswerfen aber könne man ihn schlecht, immerhin *delivere* er ordentlich. Dr. Karl hat die rettende Idee: »Dann schicke ich den eben zu den Leaders of Tomorrow. Da kann er keinen Schaden anrichten.«

Ritter der Schwafelrunde:

Unter Bedenkenträgern und Ego-Shootern

Morgens erst mal in Ruhe einen Kaffee trinken, gemütlich die Post durchsehen, ein halbes Stündchen durch Facebook flanieren, und bevor auch nur die erste Mail gelesen werden kann, ist es auch schon wieder Zeit für die Kantine. Jaja, Büro könnte so schön sein – wären da nicht die lieben Kollegen. Es ist ein bisschen wie im Urlaub: Überall, wo es nett ist, sind schon viele andere. Viel zu viele.

Sie kontaminieren den Kühlschrank mit ihrem Rocquefort, sie platzen mit belanglosem Tratsch in vertrauliche Gespräche (»Du glaubst es nicht, was die Meier heute für Schuhe anhat!«), sie »vergessen« die Aufgaben, die sie in der Teambesprechung noch vollmundig übernommen haben. Oder schlimmer noch: Sie wollen um jeden Preis Karriere machen und boxen sich nach oben, als kämen sie von einer Fortbildung mit den Klitschko-Brüdern.

Rund 17 Millionen Menschen gehen in Deutschland ins Büro, wie Buchautor Jochen Mai in seiner »Karriere-Bibel« schreibt, aber nur eine Minderheit kann sich über ein Einzelbüro freuen. Bei dieser geballten Ladung an zwischenmenschlicher Interaktion bleibt der Ärger nicht aus. Besonders dann nicht, wenn Kollegen beziehungsgestörte Zombies oder nähesüchtige Emos oder sonst irgendwie verhaltensauffällig sind. Und das trifft, seien wir ehrlich, auf eigentlich jeden zu. Außer auf uns selbst natürlich.

Hier ein kurzer Überblick, wer Ihnen mit welcher Marotte den Arbeitstag zu einem All-inclusive-Trip in die Hölle macht:

Der Blender: Kann nichts – das aber exzellent verkaufen. Die Chefs lieben ihn, weil er stets versichert, alles sei *on track* und dass er »überhaupt keinen *bottleneck*« sieht. Ausbaden dürfen es dann die Kollegen. Zieht oft eine gigantische Schleimspur hinter sich her.

Die Diva: Einmal aus Versehen ihren Zuckerstreuer benutzt, schon bricht der Dritte Weltkrieg aus. Extrem sensibel, nachtragend mit Hang zur Paranoia und mit der Sozialkompetenz eines Neugeborenen gesegnet, schafft sie um sich herum ein Klima, in dem jedes Wort mit Samthandschuhen angefasst werden muss, bevor es auf die Goldwaage gelegt wird. Natürlich kann die Diva auch ein Mann sein, die Wirkungen sind die gleichen: »Ich« ist ihr Lieblingswort, Wutausbrüche ihr Markenzeichen und »beleidigt« ihr normaler Gemütszustand.

Der Penible: Er liebt Ablagesysteme und vergöttert Regeln. Die CC-Funktion bei Mails scheint eigens für ihn (oder von ihm?) erfunden worden zu sein, Meetings ziehen sich endlos in die Länge, weil er nach drei Stunden »doch noch eine winzige Verständnisfrage« hat. Er ist – falls das überhaupt möglich ist – Bürokrat aus Leidenschaft, hat stets sämtliche Zahlen, Daten und Deadlines parat – und schafft es dennoch spielend, mit seinen Bedenken jedes noch so kleine Projekt zu zerreden.

Der Karrierist: Das Leben im Allgemeinen und der Job im Speziellen sind für ihn Wettkampf, Kollegen lästige Konkurrenten und der Chef ist Gott. Ein guter Tag für ihn ist, wenn er die ganzen Versager um sich herum mal wieder untergebuttert und dafür vom Chef für seine »Durchsetzungsstärke« gelobt wurde. Dieser Ego-Shooter kann für schnelle Ergebnisse sorgen – doch oft paart sich sein Aufstiegsdrang mit unangenehmem Strebertum oder Intriganz von Rasputin'schen Dimensionen: Lügen, Gerüchte und Rufmord sind dann seine Waffen im Kampf gegen all die »Verlierer«.

Der Kumpel: Tut keinem was zuleide, das Wort »Ehrgeiz« müsste er googeln und Ärger vermeidet er, wenn irgend möglich. Sein Büro ist tapeziert mit fröhlichen Bildchen und pfiffigen Cartoons, seine Mittagspause dauert meist »einen Tick länger«, und für einen Schwatz zwischendurch ist er jederzeit zu haben. Womit wir bei den Schattenseiten wären: Sein ungebremstes Mitteilungsbedürfnis und seine enervierende Gelassenheit (»Ich bin auf der Arbeit, nicht auf der Flucht«) sorgen zuverlässig dafür, dass seine Umgebung alles andere als gelassen ist.

Reines Gewissen inklusive

**Wer Talente gewinnen will, muss mehr bieten als
Geld. Zum Beispiel einen Sündenerlass.
Der hat Ewigkeitswert und ist vorbildlich nachhaltig.
Aber leider schwierig zu organisieren.**

Theatralisch ringt Unkel die Hände. Sicher, das Angebot sei
verlockend, windet sich der vielversprechende Kandidat,
doch er brauche Bedenkzeit, müsse noch mal in sich gehen,
überlegen. Achtenmeyer kennt die Floskeln der Zögerlich-
keit, zu oft hat er sie schon gehört. Seit Wochen sucht er
einen jungen Marketing-Manager, doch der demographische
Wandel tritt ihm jedes Mal hinterhältig in die Kniekehlen,
wenn er glaubt, endlich jemanden gefunden zu haben. Die
Bewerber sind anspruchsvoll, hat er gelesen, nur mit Geld
allein längst nicht mehr zu begeistern. Sie wollen Sinn,
Nachhaltigkeit, Perspektiven, die über die nächsthöhere
Dienstwagenklasse hinausgehen. Nun, die Lektüre stellte
sich als nur allzu wahr heraus. Unkel präsentiert ein ab-
schließendes Händeringen und verlässt das Büro.

Dabei lief bis vor ein paar Minuten alles so gut. Der »Bewerber« (Achtenmeyer setzt das Wort angesichts des neuen
Kräfteverhältnisses auf dem Jobmarkt lieber in Anführungs-
zeichen) war in der Tat äußerst vielversprechend, gute Uni,
gute Noten, guter Auftritt. Ein Einstiegsgehalt weit über seinem Budget hatte Achtenmeyer angeboten und gleichzeitig
professionelle Zurückhaltung gewahrt – man muss die jun-

gen Leute ja nicht noch übermütiger machen, als sie es eh schon sind. Er hatte noch die Firmenrente erwähnt, die Dienstwagenregelung, die Aufstiegschancen, die Auslandsaufenthalte, das klassische Gedeck. Nichts hatte Unkel vom Hocker gehauen.

Natürlich hat es das nicht, denkt Achtenmeyer bitter, denn das alles kriegt er woanders auch. Erfolg hat der, der anderes bietet, das muss man ihm als Marketing-Guru nun wirklich nicht erklären. Die Frage ist nur: Was? Was ist der *unique selling point* seiner *company*?

Achtenmeyer muss an etwas denken, das ihm ein alter Kommilitone neulich erzählte. Der Kommilitone ist ein wenig aus der Art geschlagen und arbeitet bei einer Hilfsorganisation der katholischen Kirche. Dort bekommen die Angestellten, weil sie qua Beruf Gutes tun, einen Generalablass. Einen Gnadenakt also, der ihnen zwar nicht die Sünden selbst vergibt, aber immerhin zeitliche Sündenstrafen erlässt. Plötzlich ist sich Achtenmeyer nicht mehr sicher, ob er den Kommilitonen richtig verstanden hat. »Generalablass« durch eine *company* klingt doch etwas schräg in einer Zeit, da alle nur *stock options* und das neueste Smartphone wollen.

Andererseits hat Achtenmeyer sich durch Fakten noch nie aufhalten lassen, und man mag über einen Generalablass beziehungsweise dessen Existenz denken, was man will, aber eines ist dieser *selling point* ganz sicher: *unique*. Schicke Geschäftsreisen und bunte Werbespots mögen ja ganz nett sein, aber das wäre eine ganz andere Nummer, mit Auswirkungen weit über das Leben hinaus. Was könnte schließlich nachhaltiger sein als die Ewigkeit? Wie schick das schon klingt, probiert Achtenmeyer im Geist aus: »Wir bieten Ihnen ein marktübliches Gehalt, Dienstwagen, Firmenpensionsfonds – und natürlich unseren Generalablass auf alle Ihre Sünden.«

Kurz: Eine großartige Idee, die leider wie so viele großartige Ideen am operativen Klein-Klein scheitert. Bürokratische Details versperren Achtenmeyer den Weg, wohin auch immer er sich in den nächsten Tagen wendet. Vor allem die Kirche selbst gibt sich starrsinnig: Weltliche Unternehmen dürfen keine Ablässe erteilen. Selbst sein Angebot, eine nicht unerhebliche Summe für, sagen wir, ein Dutzend Ablässe zu spenden, wurde äußerst schmallippig aufgenommen. Derlei Praktiken, beschied man ihn verschnupft, seien seit 1567 strengstens verboten. Ob er schon mal was von Martin Luther gehört habe?

Nachdem ihm höhere Mächte dergestalt eine deutliche Abfuhr erteilt haben, ist Achtenmeyer wieder ganz auf sich allein gestellt. Auf sich und auf die Methoden, die sich in Jahrzehnten bewährt haben. Sicher, Einzigartigkeit ist eine schöne Sache – aber wer sagt denn, dass nicht auch einzigartig ist, wer einfach mehr vom Gleichen hat? Eben.

Als Unkel erneut vor ihm sitzt und wieder zu seinem theatralischen Händeringen ansetzt, lässt Achtenmeyer ihn gar nicht erst zu Wort kommen. »Lassen Sie mich gleich zu Anfang eine Kleinigkeit in Bezug auf Ihr Einstiegsgehalt korrigieren«, sagt er und nennt einen um 10.000 Euro höheren Betrag. Das Händeringen hört abrupt auf. Unkel unterschreibt.

Dä Zoch kütt!

Wer eine Firma übernimmt, zeigt der alteingesessenen Belegschaft gerne mal, wo der Hammer hängt. Doch wer nicht sofort alles auf die Bahngleise wirft, kommt am Ende oft weiter.

Die *company* hat eine andere *company* gekauft. »Happy Holiday Beverages«, lange ein hartnäckiger Konkurrent im Energy- und Lifestyledrink-Segment, jetzt Übernahmeobjekt. Die *product ranges* ergänzen sich bestens, viele exzellente Leute arbeiten dort, kurz: Es ist eine Hochzeit im Himmel. Und Achtenmeyer ist Trauzeuge. Oder so etwas Ähnliches. Jedenfalls soll er als »Head of Integration« dafür sorgen, dass die Strukturen, Prozesse und das ganze *mindset* von »Happy Holiday« seiner *company* angepasst werden.

Das Wort »anpassen« hat Dr. Karl gefühlte 278 Mal verwendet, als er Achtenmeyer den neuen Zusatzjob anbot, davon 269 Mal extra stark betont. Nach dem zwölften Mal gab Achtenmeyer, der kürzlich aus Versehen einen Artikel über *change management* gelesen hatte, vorsichtig-konjunktivisch zu bedenken, dass unter Umständen die Kollegen bei »Happy Holiday« den ein oder anderen Einfall gehabt haben mochten, den in der *company* zu übernehmen sich lohnen könnte. »Warum nicht von deren *know-how* profitieren?«, fragte Achtenmeyer und horchte seinem Satz bedächtig nach, als sei ihm der Gedanke gerade erst gekommen. »Wir kochen doch alle nur mit Wasser.«

»Sie vielleicht«, schoss Dr. Karl ungnädig zurück und sah ihn an, als wolle er mit seiner Tochter durchbrennen. »Ich für meinen Teil stehe einhundertundfünfzig Prozent hinter Personal, Produkten und Methoden unserer Firma.« Dr. Karl machte eine seiner gefürchteten Pausen, goss etwas Wasser in den Luftbefeuchter, sortierte ein paar Papiere, richtete iPhone und Blackberry wieder exakt an der Schreibtischkante aus. »Und was die Übernahme angeht und Ihre fixe Idee von gegenseitigem Ideenaustausch: You're either on the train – or under it. Kapiert?«

Achtenmeyer hatte nicht nur kapiert, er war auch ganz gegen seine Gewohnheit ziemlich angetan von Dr. Karls knackigem Einzeiler. Erstens erspart ihm das eine Menge Arbeit: Statt stundenlang in öden Abstimmungsmeetings herumzuhängen, wird er einfach To-do-Listen rummailen und regelmäßig prüfen, ob auch alle milestones erreicht werden. Zweitens kann er den Spruch bei passender Gelegenheit selbst anwenden und endlich auch mal so Dr.-Karl-mäßig rüberkommen wie Dr. Karl.

Tatsächlich steht die passende Gelegenheit nur wenige Stunden später in seinem Büro. Mäppner, den er mit den operativen Details der Integration beauftragt hat (nicht umsonst lautet sein Titel schließlich »Head of Integration«, nicht »Hands of Integration«), ringt die Hände. Ein sicheres Zeichen, dass er ein wichtiges Anliegen hat. Und er trägt Nadelstreif, ein sicheres Zeichen, dass er sich gestern Abend schon vorgenommen hat, sein Anliegen heute zur Sprache zu bringen. Achtenmeyer nickt aufmunternd.

»Also, Sie hatten ja gesagt, ich solle mich mit der Organisation bei ›Happy Holiday‹ beschäftigen«, beginnt Mäppner nervös, »und beim Blick auf das Organigramm habe ich festgestellt, dass es da die eine oder andere Sache gibt, die wir vielleicht auch hier, also ich meine, bei uns, möglicherweise …« Achtenmeyer wischt ungnädig durch die Luft und macht aus dem ohnehin stockenden Redefluss ein armseliges Rinnsal. »Jetzt passen Sie mal auf, Mäppner«, sagt er. »Sie sind noch jung, Sie haben noch nicht so viel *experience*, deshalb erkläre ich es Ihnen. Aber ich mache das nur einmal. You're either on the train – or under it.« Der Mitarbeiter schluckt zweimal und verlässt das Zimmer. »So«, denkt Achtenmeyer zufrieden.

Zwei Tage später lässt es sich anlässlich eines *top-level-meetings* nicht vermeiden, dass er einen Blick auf das Organigramm von »Happy Holiday« wirft. Erst stutzt er, dann stürzt er aus dem Raum und zitiert Mäppner zu sich. »Sie Unglücksrabe! Warum haben Sie mir verschwiegen, dass die Marketing-Funktion – UNSERE Abteilung! – bei ›Happy Holiday‹ direkt unter dem Vorstand hängt?« Und damit – übertragen auf die eigene *company* – gleichwertig mit Dr. Karls Level, fügt Achtenmeyer in Gedanken hinzu. »Sie haben mich neulich ja nicht ausreden lassen«, gibt Mäppner beleidigt zurück.

»Nun haben Sie sich nicht so«, sagt Achtenmeyer jovial und deutet auf seinen Besprechungstisch. »Jetzt gehen wir alles mal in Ruhe durch, dann kriegen wir das schon hin. Cappuccino? Ein Wasser vielleicht? Kekse?« Keine halbe Stunde später steht die neue Abteilungsstruktur. Mit flinken Strichen und seinem Montblanc-Kuli hat Achtenmeyer seine Abteilung kurzerhand dahin gesetzt, wo sie nach der alten »Happy Holiday«-Struktur auch schon war: eins unter Vorstand, gleich neben Dr. Karl.

Dessen markige Einzeiler sind schließlich auch nicht mehr das, was sie mal waren: Entweder sitzen Sie mit im Zug – oder Sie liegen darunter? Quatsch, denkt Achtenmeyer, es gibt noch eine dritte Möglichkeit: Sie machen die Fahrpläne.

Die Wikinger sind los

Vertrieb ist beinhart und nichts für Zehenföhner. Wer mental und vor allem geographisch nicht ganz vorne ist, kann gleich einpacken.

Die *company* installiert ein neues Bonussystem. Ab Jahreswechsel werden alle Vertriebsgebiete aufgeteilt in Wachstumsmärkte und Margenbringer. In den Wachstumsmärkten orientiert sich der Bonus am jährlichen Umsatzwachstum, in den Margenbringern an der erreichten Gewinnmarge. Das klingt logisch, wenn man es als CEO in einem schicken Konferenzhotel auf ein *whiteboard* malt, birgt jedoch im Operativen ungeahnte Verkomplizierungen. Denn gleichzeitig mit dem neuen Bonussystem wird die Zuteilung der Länder auf die jeweiligen Führungskräfte neu organisiert.

Was das bedeutet, war Achtenmeyer sofort klar: Alle wollen in ihren Vertriebsgebieten möglichst viele Wachstumsmärkte und möglichst wenig Margenbringer. Denn in einem gesättigten und entsprechend umkämpften Markt wie beispielsweise Deutschland ist es harte Arbeit und nahezu unmöglich, die geforderten Margen zu bringen und so den eigenen Bonus zu sichern.

Ein gnadenloser *uphill-fight*. Umsatzwachstum dagegen in einem Land wie, *let's say*, Tansania, ist ein *easy walk*: Wo nichts ist, lassen sich im Handumdrehen zweistellige Zuwachsraten erzielen.

Wie zu erwarten, entwickelt sich die neue Länderzuteilung schnell in eine Art konzernweites absurdes Theater. Die Vertriebsfürsten versuchen, jeden lästigen Margenbringer – wenn sie denn schon einen davon im Portfolio haben sollen – mit möglichst vielen Wachstumsmärkten zu kompensieren. Und zeigen sowohl in Kombinatorik als auch Rhetorik bemerkenswerte Kreativität. Vorgeschlagen werden etwa die neuen Vertriebsgebiete »United Kingdom, Ireland, Namibia & South Africa« (alles auf dem gleichen Längengrad), »Portugal & Brasilien« (gleiche Sprache) »Spanien, Kirgistan, China« (*working title*: »Auf den Spuren von Marco Polo«), »Ungarn, Uganda, Usbekistan« (gleicher Anfangsbuchstabe) oder »USA, Vietnam, Afghanistan & Irak« (»historische Verbundenheit durch kriegerische Auseinandersetzungen«).

Im Grunde könnte Achtenmeyer das bizarre Treiben ungerührt beobachten – als Marketing-Mann ist er nicht für den Vertrieb zuständig, sondern für bunte Filme und das möglichst attraktive *look & feel* in den Supermärkten. Doch zum einen imponiert ihm die in ihrem ahistorischen Ansatz schon wieder originelle Chuzpe, mit der etwa Kollege Friesa versucht, den ungeliebten Margenbringer USA mit möglichst margenschwachen Ländern zu bündeln. Zum anderen steht jetzt Bedermann vor ihm und schaut traurig aus der Wäsche. »Ich war zwei Tage krank, und jetzt muss ich Frankreich und Benelux und Norwegen nehmen, und ich kann mir noch ein oder zwei Wachstumsmärkte aussuchen, aber ich weiß nicht welche, und ich weiß nicht weiter, und …, und …«, bricht es schluchzend aus dem jungen Vertriebler heraus.

»Nun, nun, mein guter Bedermann, das ist doch kein Grund, niedergeschlagen zu sein«, murmelt Achtenmeyer begütigend. Während er denkt: Frankreich UND Benelux

UND Norwegen? Das IST ein Grund, niedergeschlagen zu sein. Wenn kein Wunder geschieht, kann Bedermann seinen Bonus im kommenden Jahr in den Wind schießen.

Gerade an den von ihren Ölgewinnen bis Oberkante Unterlippe vollgestopften Norwegern und der arroganten »Grande Nation« beißen sich selbst Achtenmeyers Reklameprofis regelmäßig die Zähne aus. Noch ein Grund mehr, Bedermann unter die Arme zu greifen. Zumal es nun auch nicht fünfmal am Tag vorkommt, dass ein Jungmanager ihn als alten Hasen ehrfürchtig um Hilfe bittet.

Blitzartig überschlägt Achtenmeyer einige komplexe mathematische Modelle, stellt Bevölkerungszahl der Länder in Bezug zum BIP, vergleicht Bildungsstand und Haushaltseinkommen, Sprachen und kulturelle Prägung. Nach wenigen Minuten, in denen Bedermann außer andächtigem Lauschen nichts Konstruktives beiträgt, erkennt Achtenmeyer, dass das Problem derart groß ist, dass ihn konventionelle Optionen nicht weiterbringen. Was er braucht, ist ein Wunder. Oder noch besser: eine wundervolle Erzählung. Eine Saga. Eine ...

»Bedermann, ich hab's!«, ruft er plötzlich. »Die Wikinger!« Bedermanns Gesicht könnte nicht verständnisloser aussehen. »Na, die Wikinger! Norwegen, dann in die Normandie, in Benelux warn sie bestimmt auch mal, das müssten Sie noch mal gegenchecken.« Achtenmeyer redet sich in einen Rausch. »Aber wissen Sie, wo die Wikinger noch waren? Grönland! Wachstumsmarkt ohne Ende. Und natürlich Nordafrika, die ganze Küste von West nach Ost. Nicht historisch belegt, aber zahllose Experten gehen davon aus, darunter niemand Geringerer als Erich von Däniken.«

Bedermann hat seinen Gesichtsausdruck von »verständnislos« zu »skeptisch« gewechselt, aber er ist halt noch jung und weiß nicht, wie's läuft. Denn tatsächlich wird Bedermanns Vorschlag für das Vertriebsgebiet »The Viking Trail« (Frankreich, Benelux, Norwegen, Grönland sowie die gesamte nordafrikanische Küste) akzeptiert. Selbst Dr. Karl, der mit Vertrieb ebenso wenig am Hut hat wie Achtenmeyer, ist angetan und hat gleich einen Vorschlag: Da Achtenmeyer dem jungen Kollegen so hervorragend unter die Arme gegriffen habe, könnte er doch das gesamte Marketing für »The Viking Trail« übernehmen. Achtenmeyer stutzt, denn im Gegensatz zu Bedermann weiß er, wie's läuft.

Es läuft nämlich so: Aufgrund explodierender Zuwachsraten in Grönland und Nordafrika wird Bedermann nächstes Jahr einen fetten Bonus kassieren. Achtenmeyers Bonus dagegen wird nicht existent sein. Denn von den bekannten Problemen in Bezug auf Frankreich und Norwegen abgesehen, konnte ihm auch niemand ein Konzept für Getränke-Marketing liefern, das sowohl im arktischen Grönland als auch im flirrend heißen Afrika funktioniert.

Lessons learned

Das Private ist geschäftlich: Die Trennung von Job und Privatleben ist aufgehoben, das wissen wir alle. Das heißt aber auch: Ehemals »unwichtige« Ereignisse (Umzug, neue Kaffeemaschine) beeinflussen die Arbeit stärker als früher, weil sie die sozialen Strukturen und Machtverhältnisse neu mischen.

Die Bäume vor lauter Wald nicht sehen: Sicher, eine gute Führungskraft muss das *big picture* im Auge haben. Dennoch muss sie ebenso einen Blick für Details besitzen, die künftig entscheidend werden könnten – und wenn es eine Couch ist.

Auf die sanfte Tour: Die Zeiten, da ein übernehmendes Unternehmen dem übernommenen die Bedingungen und Strukturen überstülpte, sind vorbei. Klüger ist es, die Dinge, die sich bewährt haben, gegenseitig zu integrieren. Das ist nicht nur gut fürs Betriebsklima – es steigert auch die Effizienz.

Wer schreibt, der bleibt: Wer die Prozesse, Hierarchien und Berichtslinien festlegt, sitzt naturgemäß am längeren Hebel. Doch Vorsicht: Ein Kästchen oben im Organigramm macht noch keine Führungskraft. Die Position will mit Leben gefüllt und verteidigt werden.

Vorsicht vor politischen Spielchen: Das Leben eines Top-Managers besteht zu nicht unerheblichen Teilen aus politischen Spielchen. Das ist nervig – kann aber auch Spaß machen. Sich freiwillig an Spielchen zu beteiligen, die einen eigentlich nichts angehen, führt aber schnell dazu, dass man sich die Finger verbrennt.

Geschichte wiederholt sich nicht: Wie überall im Leben ist auch im Management der Verweis auf historische Parallelen äußerst beliebt (»Das hat damals schon gut funktioniert«). Merke: Wenn es stimmt, dass Vergleiche immer ein wenig hinken, dann sind historische Vergleiche komplett auf den Rollstuhl angewiesen.

IV.

Über den Wolken

Geschäftsreisen mit Hindernissen

Es gab einmal eine Zeit im Leben von Managern (und sogar Angestellten), da war das Reisen zu beruflichen Zwecken eine angenehme Sache. Im Büro konnten sich die unbeantworteten Briefe noch so stapeln, aufgeschobene oder falsch getroffene Entscheidungen türmten sich zu alptraumartigen Gebirgsformationen – im Zug, im Flieger, ja selbst im Fond einer Limousine fand der gestresste Büroarbeiter Muße und Entspannung. Es herrschte Schulausflugs-Atmosphäre. Hervorragende Weine wurden gereicht, erlesene Speisen kredenzt, und der Job war buchstäblich ganz weit weg.

Der Siegeszug der Smartphones hat dem ein Ende bereitet. Führungskräfte sind jetzt *always on*, Geschäftspartner werden grantig, wenn eine Mail nicht binnen zwei Stunden beantwortet wird. Und auch sonst ist das Reisen verzwickter geworden: Die Kosten müssen im Blick behalten, fremde Kulturen verstanden werden, und dann ist da ja auch noch der verborgene, in Wahrheit aber eigentliche Sinn der Geschäftsreise: die Betonung der eigenen Bedeutung. Was nicht ganz leichtfällt, wenn jeder dahergelaufene *backpacker* ständig zwischen den Kontinenten hin- und herhüpft und Business-Class-Privilegien immer seltener werden.

Mittelmanager Achtenmeyer versucht, das Beste aus der Situation zu machen. Selbst, wenn er sich dafür in Bulgarien für seinen klapprigen Dienstwagen verspotten lassen muss, in Tokio auf Bierseidel-Jagd geht und sich in jedem Hotel über minderwertige Kissen entsetzt, die alles tun, nur nicht seinen Kopf erholsam zum Schlafe betten.

So bleibt das Reisen, selbst in Zeiten von Online-*Check-in*, QR-Codes und Billigfliegern, was es immer schon war: ein Abenteuer.

Don't mention the heaven pops

Mit den kulturellen Unterschieden ist das so eine Sache: Nur weil ein Land gleich um die Ecke liegt, heißt das noch lange nicht, dass man es auch wirklich kennt.

Achtenmeyer wird dafür bezahlt, neue Trends aufzuspüren. *Forerunner* zu sein. Trotzdem – oder genau deshalb, wie sein Psychoanalytiker Dr. Bolten meint – hat er ein Faible für Abseitiges, die *little things out of time*, mit denen er seinem Job mental ein Schnippchen schlagen kann. Wie die Zivildienstleistenden, die an den Schießbuden auf dem Rummelplatz auch wilder herumballern als ihre Kumpel vom Bund. In der Schule kaufte er noch Beatles-Alben, als alle schon »The Cure« hörten oder wenigstens Eric Clapton. Heute, wo China *the place to be* ist, ist Achtenmeyer *focussed on Europe*. In trotzigen Mails weist er die Kollegen in Shanghai darauf hin, dass Deutschland im ersten Quartal zwar für soundsoviel Milliarden Euro Waren nach China exportiert hat – aber für ein Vielfaches davon Produkte allein in die Niederlande verkauft hat.

Ein enttäuschend kleiner Teil dieses Vielfachen bestand aus »Heaven Pops«, kleinen *ready-made* Marshmallows in Erdbeer und Kirsch für Verkaufsmaschinen in der Fußgängerzone. Salesmäßig eigentlich ein *no-brainer*, hatte Achtenmeyer doch gehört, dass die holländische Esskultur ohnehin nicht besonders ausgeprägt sein soll. Es stellte sich jedoch heraus, dass die Niederländer kleine Sottisen über ihre Küche erschreckend wenig goutieren, ebenso wie den schicken Porsche Carrera, mit dem er die Grachten entlanggedüst war, während die holländischen Kollegen per Fahrrad zur Sitzung des *steering committee* kamen.

Frankly spoken, erwies sich das scheinbar altbekannte Europa während seiner Werbetour für die Marshmallows als tückische Terra incognita. Dass Briten ungern über den Zweiten Weltkrieg diskutieren (»Don't mention the war«), war ihm bekannt. Aber dass man in Polen nicht übers Wetter spricht und in Italien als unterkühltes Weichei gilt, wenn man Gesprächspartner ausreden lässt, war plötzlich nicht mehr *nice to know*, sondern ein echtes Problem.

Als besonders verstörend empfand Achtenmeyer Bulgarien. Durch seine holländischen Erfahrungen sensibilisiert, mietete er dort das unscheinbarste Gefährt, das er kriegen konnte: einen Twingo. Den Pförtner konnte er in einem beschämenden *heads-up* noch überzeugen, dass er kein Staubsaugervertreter war. Doch die Mischung aus Misstrauen und Mitleid in den Gesichtern seiner bulgarischen Business-Partner, ausnahmslos alle in S-Klasse und A8 chauffiert, wird er sein Leben lang nicht vergessen. Dass Bulgarien zumindest *on short sight* auf Heaven Pops verzichten muss, lag dann schließlich doch nicht am Twingo, sondern an Achtenmeyers Nicken im Augenblick der Vertragsunterzeichnung: In Bulgarien bedeutet Nicken Ablehnung; wer zustimmen will, schüttelt den Kopf. Das hat Achtenmeyer jetzt durch intensiven *research* in einem Business-Knigge herausgefunden, den seine Autovermietung seit kurzem online anbietet. Nächste Woche ist wieder Italien dran, *second try*. Er wird einen A8 mieten, Spaghetti nur mit der Gabel drehen und allen ständig ins Wort fallen. Wegen dieser Weichei-Sache.

Weiches Kissen, weiche Birne

Wer Karriere machen will, muss ausgeschlafen sein – und auffallen. Mit etwas Kreativität lässt sich beides sogar trefflich kombinieren.

Je routinierter Achtenmeyer die täglichen Aufgaben von der Hand gehen (das heißt: je deutlicher ihm bewusst wird, dass der nächste Karriereschritt nun schon eine ganze Weile auf sich warten lässt), umso mehr Gefallen findet er an der Auseinandersetzung mit den philosophischen Aspekten des Manager-Daseins (das heißt: warum eigentlich lässt der nächste Karriereschritt nun schon eine ganze Weile auf sich warten?). In derlei Grübelei verfällt er immer dann, wenn er sich schlaflos in einem Hotelbett der gehobenen Geschäftsreiseklasse wälzt. Was wiederum auf neun von zehn Hotelübernachtungen zutrifft und einen schlichten Grund hat: den Kampf mit dem Kissen.

Tatsächlich bleibt die Kissen-*policy* höherpreisiger Hotels für Achtenmeyer eines der letzten Rätsel der Menschheit. Das Bad blitzt vor feinstem Marmor, auf dem sich lüstern Fläschchen voller exotischer Ingredienzien räkeln, die Sessel und Tischchen sind aus hochglanzpoliertem Edelholz, und die Mechanismen, die das Licht steuern, würden einem David Copperfield locker die Show stehlen. Aber die Kissen: Na gut, hübsch anzusehen sind sie ja, aufgeplustert meist wie ein größenwahnsinniges Sahne-Baiser, und duften tun sie wie der Frühling persönlich. Nur wenn Achtenmeyer seinen Kopf drauflegt, fällt das Baiser in sich zusammen wie eine Immobilienblase, und er hat das Gefühl, mit dem Haupt direkt auf der Matratze zu liegen, während links und rechts seiner Ohren zwei krumme weiße Spitzen Richtung Zimmerdecke ragen und ihm aus luftiger Höhe hämisch zugrinsen.

Billig wirkt das und lieblos, als ob nach teuren Bodylotions und Edelmobiliar kein Geld mehr da gewesen wäre für eine ordentliche Kopfablage. Denn eine solche muss für Achtenmeyer hart sein. »Weiches Kissen, weiche Birne«, pflegt er zu sagen, doch für derlei Wortwitz haben die Hotelangestellten weder Ohr noch Verständnis.

Nun ist es also drei Uhr in der Nacht. Das Mondlicht schlängelt sich anmutig durch die Brokatvorhänge und erhellt in gewohnter Manier die weißen Spitzen neben seinen Ohren, während Achtenmeyer sich fragt, wie er charismatischer werden könnte. Denn so viel ist ihm in den vergangenen zwei Stunden Wachliegens klar geworden: Über den nächsten Karriereschritt entscheidet nicht Fachkompetenz, sondern Auftritt. Wie schafft es etwa sein Chef, Dr. Karl, dass sich ein Raum ihm quasi von selbst und komplett zuwendet, kaum dass er ihn betreten hat? Während Achtenmeyer mühsam nach Bekannten Ausschau halten muss, um wenigstens nicht von Anfang an wie ein beziehungsgestörter Trottel mit Sektglas herumzustehen.

Charisma, so viel ist schon mal klar, ist bei Menschen das, was bei einem Produkt der *unique selling point* ist. Es ist das Unterscheidbare, das Kantige, das Unverwechselbare. Dabei sind die Spielarten vielfältig: Man kann unverwechselbar klug sein (Einstein), unverwechselbar energisch (Jack Welsh) oder unverwechselbar muffelig (Dr. Karl). Achtenmeyer muss plötzlich an einen Dax-Vorstand denken, der seit seinem ersten Job immer mit dem gleichen Rad aus Studentenzeiten zur Arbeit fährt. Und er erinnert sich an Filmstars, die in Hotelzimmern immer einen bestimmten Farbton verlangen und ihren speziellen grünen Tee selbst mitbringen, weil sie nur diese eine Mischung trinken können, ohne sofort eine Magenvergiftung zu erleiden.

Mit anderen Worten: Der Unterschied zwischen Schrulligkeit und Charisma ist nur eine Frage der Definition. Oder genauer gesagt: des Marketings, und da ist Achtenmeyer schließlich Profi. Gleich morgen wird er ein Bettenfachgeschäft aufsuchen und sich ein schönes hartes Kissen kaufen, das ihn fortan auf allen Reisen begleiten soll. Auf Empfängen wird er sagen: »Ich reise mit leichtem Gepäck – Kreditkarte, Blackberry und mein Kissen, mehr brauche ich nicht.« Zusätzlich wird er eine diesbezügliche Mail »aus Versehen« an die *top-level*-Entscheider schicken, damit auch jeder seine neue Marotte mitbekommt und ihm ordentliche Unverwechselbarkeits-Punkte beschert.

Bleibt nur die Frage, ob ein Kissen allein ausreichend Charisma produziert. Vielleicht sollte er sicherheitshalber immer mit roter Mütze zur Arbeit erscheinen? Oder im Büro ein Haustier halten, zum Beispiel eine Anakonda? Tja, kaum ist das Problem exakt definiert, sind die Lösungsmöglichkeiten so vielfältig wie verlockend, denkt Achtenmeyer. Und schläft endlich ein.

Bonus, Dienstwagen, Schluck aus der Pulle:

Der diskrete Charme der Gehälterhierarchie

Natürlich macht uns die Arbeit superviel Spaß, und wir lieben es, jeden Morgen aufzustehen, ins Büro zu fahren und erst mal die 287 Mails zu lesen, die wir in der U-Bahn nicht mehr geschafft haben. Aber seien wir ehrlich: Bei aller Begeisterung für Meetings, Akten und Kollegentratsch gibt es ein winziges Detail, das wir an unserem Job nicht missen möchten: Geld. Das gilt für alle, vom Postboten bis zum Vorstandschef – ohne Moos nix los.

Das Gehalt zahlt nicht nur unsere Miete oder erlaubt uns schöne Kleider und nette Urlaube. Ein Stück weit definieren wir über den Lohn auch unseren Platz in der Firmenhierarchie, der offiziellen wie der inoffiziellen. Schließlich werden schöne Extras wie Dienstwagen, Bonus oder Reiseprivilegien immer gerne genommen. Es sind schon Top-Manager im Vorstellungsgespräch gescheitert, weil sie sich geschlagene zwanzig Minuten über PS-Zahl, Sitzbezüge und optische Einparkhilfen ihres (künftigen) Dienstwagens ausließen. Und wer einmal gegen Jahresende in einer Gruppe Männer mittleren Alters und mittlerer Führungsebene Mäuschen gespielt hat, der weiß, dass »Bonusgespräche« weit komplexer sind als Kernphysik.

Dabei ist die Psychologie hinter der Geldfrage eher schlicht: Es ist uns ziemlich wurscht, wenn ein CEO irgendwo auf der

Welt viele Millionen Euro nach Hause trägt. Überhaupt nicht wurscht ist es uns, wenn der Kollege auf der anderen Seite des Schreibtischs hundert Euro mehr verdient. An der Harvard University wurde dieser Effekt in einem interessanten Experiment belegt. Studenten sollten zwischen zwei möglichen Welten wählen: In der einen bekamen sie 50 000 Dollar im Jahr und alle anderen nur 25 000. In der anderen erhielten sie 100 000 – aber die anderen 200 000 Dollar. Die Mehrheit entschied sich für die erste Welt: Lieber selbst weniger haben, statt ärmer zu sein als die anderen. Glücksforscher sprechen von der Bedeutung des »relativen Einkommens«. Brutaler formulierte der Schriftsteller Gore Vidal: »Immer wenn ein Freund von mir Erfolg hat, stirbt ein kleiner Teil von mir.«

Natürlich haben die Glücksforscher längst bewiesen, dass Beziehungen, Freunde oder Gesundheit viel wichtiger für das persönliche Wohlbefinden sind als möglichst viel Geld. Aber ohne geht es eben auch nicht. Deshalb versuchen die Unternehmen, uns mit kleinen und großen Geschenken zu motivieren. Die Bonus-Exzesse von Investmentbankern, die nicht selten zwei- oder gar dreistellige Millionenbeträge einsacken, sind da nur die Spitze des Eisbergs. Wem eine schöne Belohnung winkt, der strengt sich eben mehr an. Oder nicht?

In Wahrheit ist diese Logik alles andere als zwingend. Es gibt ein Experiment mit Kindern, die gerne puzzeln. Ein Teil von ihnen bekam Süßigkeiten dafür – und verlor schneller das Interesse daran als die Kinder, die nicht belohnt wurden. Der Süßkram hatte die Eigenmotivation untergraben.

Was fürs Kinderzimmer gilt, lässt sich leicht auf Büros und Werkhallen übertragen: Wer für gesteigertes Engagement mit Boni belohnt wird, folgert unwillkürlich, dass er nicht um der Sache selbst willen arbeitet, sondern für die Kohle. So wird aus einem Enthusiasten ein Erbsenzähler.

Bevor sich jetzt allerdings Controller und Personalchefs die Hände reiben (Ha, endlich wird die gierige *workforce* mal in die Schranken gewiesen!), noch ein entscheidender Hinweis: Der Effekt gilt nur für Arbeit, die man gerne tut – so wie Kinder gerne puzzeln. Ein guter Chef sollte also vor allem ein angenehmes Arbeitsumfeld mit spannenden Aufgaben und genügend Freiraum schaffen. Wem das zu anstrengend ist, der muss weiter Geld verteilen.

Wenn Erholung zur Chefsache wird

**Führungskräfte wissen: It's lonely at the top.
Bisweilen allerdings längst nicht lonely genug.**

Alles war wie immer: kalter Fisch mit Wasabi, Suppe in Reagenzgläsern und Reden, so grotesk überzogen mit schlechten Wortspielen wie ein Teenagergesicht mit Akne. Trotzdem ist er hingefahren, denn die Marketing-Association wählt für ihre Gala-Diners regelmäßig absurde *off-site locations* aus, weil das erstens hip ist und zweitens billig. Offsite bedeutet Pampa, und Pampa bedeutet Taxi. Achtenmeyer liebt Taxifahren. »Jut einen druffjemacht, der Herr?«, berlinerschnauzt der Mann hinterm Steuer und schwenkt, ohne eine *response* abzuwarten, in eine Tirade über Staus, Verkehrspolitik und »dit Mistwetter« ein.

Achtenmeyer schließt wohlig ermattet die Augen. Klar, in der *company* gilt er als *tough guy*; *at the top* ist es halt *lonely*. Damit hat er kein *issue*. Das eigentlich Nervenzerrüttende am Dasein als Führungskraft ist, dass es längst nicht *lonely* genug ist. Ständig stehen alle möglichen Leute in seinem Büro, *adressen* ihn in der Kantine oder im Fahrstuhl: »Ganz kurz mal eben, hätten Sie nur eine Minute?« Und keiner, *not in a billion years*, will einfach nur reden, alle haben ihre spezielle Agenda: Frau Zulla will mehr *staffing* für das *roll-out* in Georgien, Bredel eine Gehaltserhöhung, und Jodil klagt über den Elektrosmog. Um nur mal eine beliebige Viertelstunde aus seinem Chefalltag herauszugreifen.

Taxifahren ändert die *rules of the game*. Der Fahrer plaudert vor sich hin, als säßen sie in einer Kneipe beim Bier. Hier ist Achtenmeyer kein Chef, nur ein Mensch wie jeder andere. Unter dem belanglosen Sprachgeplätscher blüht er auf wie ein Krokus in der Märzsonne. Auch beim Schuhputzer am Flughafen findet Achtenmeyer diese *emotional convenience* oder bei seinem Lieblingsfriseur. Aber nichts geht über Taxis. In New York bucht er manchmal eine Stretchlimousine samt konversationsaffinem Fahrer; ist zwar ein bisschen kostspieliger, aber immer noch günstiger als ein teurer Coach, der ihn gefühlsmäßig ein wenig *supported*. Und in London hatte er einmal sogar eine Art Karma-Taxi, ausgestatt mit Teppichen, Perlmutt, Kronleuchter und sanftem Sitar-Sound. Wie ein Juwel in der Lotusblüte fühle man sich, hatte ein Kollege Achtenmeyer vorgeschwärmt, und der fand das eher noch untertrieben.

»Meister, mal 'ne Frage.« Der Taxifahrer reißt Achtenmeyer aus seinen Gedanken. »Dit war doch so 'n Werbertreff da eben, wa? Ick hatte da neulich 'ne dufte Idee für 'ne Bierwerbung. Könnten Se mir eventuell 'n Kontakt machen?« Nun, there's no free lunch, denkt Achtenmeyer bitter. Muss er also Taxis künftig auch meiden. Erschöpft fährt er sich durch die Haare. Ganz schön lang. Zeit für einen Friseurtermin. Und die Schuhe könnte er auch mal wieder putzen lassen. Am besten gleich morgen, am Flughafen.

Einmal Panik und zurück

**Im Flugzeug kann man lesen, dösen und
Computerspiele spielen. Oder die Zeit nutzen,
um endlich Mitarbeiter zu rekrutieren,
die man sonst nie getroffen hätte. Den Piloten zum
Beispiel.**

Kaum hat Achtenmeyer die Zeitung aufgefaltet, da spricht der Pilot. Leider habe man vergessen, den Flieger aufzutanken. Doch keine Sorge, die Passagiere könnten ruhig sitzen bleiben. Sie müssten es sogar, da jede Erschütterung dramatische Folgen für den Tankvorgang haben könne. Also kein Gang zur Toilette, kein Herumkramen im Trolley, wenn möglich die Zeitungsseiten nur mit äußerster Vorsicht umblättern.

Starr sitzt Achtenmeyer da und denkt daran, welch interessante Konnotationen das Wörtchen »inconvenience« entfaltet (für die sich der Pilot natürlich entschuldigt), wenn man einige tausend Liter Kerosin unterm Hintern rauschen hört. Dann ist das Tanken geschafft, doch kurz vor der Rollbahn meldet sich erneut der Captain. Offenbar in Plauderlaune, erläutert er die schwierigen Windverhältnisse in Tokio und die dringende Empfehlung des Towers, in nördlicher Richtung zu starten. Er, der Pilot, halte das für fahrlässigen Unfug und werde deshalb in Richtung Süden starten. Die weiteren Ausführungen betreffs meteorologischer Details und Kollegen ohne Mumm, die, ohne nachzudenken, blind Befehlen des Towers Folge leisten, kriegt Achtenmeyer schon nicht mehr mit, weil er damit beschäftigt ist, sich eine Handvoll Beruhigungstabletten in den Mund zu stopfen.

Eigentlich ist Achtenmeyer ein alter Geschäftsreisenhase, der Sedativa gegen Flugangst höchstens Pensionären auf dem jährlichen Trip nach Fuerteventura zubilligt. Doch die Torturen in der *cost-cutting*-Ära haben ihn mürbe gemacht. Die ungewohnte Welt der Economy-Class, in der die Fuerteventura-Rentner sich besser auskennen als ein gestandener Manager, sie überfordert ihn. Aber er lernt schnell. Heute weiß er, dass man die Sitze direkt am Notausgang oft gegen eine geringe Gebühr als »XL-Seats« reservieren kann. Das bringt immerhin einen Hauch des *look & feel* seiner geliebten Business-Class zurück. Auch sonst ist Achtenmeyer in den vergangenen Monaten zum Fachmann in der Kunst gereift, sich die Strapazen der Holzklasse mit kleinen Gimmicks erträglicher zu gestalten. Heute zum Beispiel setzt er auf einen Service der Fluggesellschaft, mittels dessen man spezielle Gerichte aus der Oberklasse in der Economy dazukaufen kann. Achtenmeyer gönnt sich einmal die Nudeln mit Shrimps sowie diverse Gläschen Sake. Vom Schnaps zu ungewohnter Leutseligkeit angestachelt, wendet er sich an den Pensionär neben sich, der dieses Jahr statt Fuerteventura einmal Honolulu ausprobiert, und klärt ihn gönnerhaft über die Vorteile dieses »Fliegens à la carte« auf.

»Pah«, zischt der Greis herablassend, »wer den Stewardessen ein bisschen schmeichelt, kriegt Sake auch umsonst.«

Achtenmeyer ist perplex und beschließt, den rüstigen Herrn vom Fleck weg zu *recruiten* – als *very senior consultant* für Reiseangelegenheiten. Und den Piloten mit dem unorthodoxen Verhältnis zu Tower-Befehlen wird er gleich mit einstellen. Zum Beispiel als Risiko-Manager.

Last exit Edelplastik

Kleine Gastgeschenke erleichtern das Geschäft mit anderen Kulturen. Japaner etwa lieben deutsche Bierkrüge. Blöd nur, wenn man das erst in Tokio erfährt.

Obwohl die Klimaanlage im Flughafen von Tokio lärmt wie eine ganze Heerschar Samurais, fängt Achtenmeyer fürchterlich an zu schwitzen, kaum dass er die Boeing verlassen hat. Direkt vor ihm hängt ein Werbeplakat für Sushi, was ihn daran erinnert, dass er jetzt drei Tage lang kein Schnitzel essen kann. Das wiederum ruft ihm seine Sekretärin Frau Schnitzel ins Gedächtnis, die ihm kurz vor dem *take-off* noch via Blackberry zurief, er müsse unter allen Umständen an ein Gastgeschenk denken: »Top Breioridi, gell, Herr Achtenmeyer?« Tja, so viel dazu. Herr Fujami wäre wohl *not amused*. Was wenig Gutes verhieße für das *final closure* des Millionendeals mit Nippon Beverages. Achtenmeyer muss also *delivern*, koste es, was es wolle. Leider ist Google, sein *little helper* in allen Lebenslagen, diesmal irritierend unkreativ. Nie vier Teile und keine weißen Blumen schenken, heißt es, und das Präsent stets mit beiden Händen überreichen. Welches Mitbringsel *appropriate* ist, darüber schweigt der Suchtitan. Toll. Thank you very much for nothing.

Irgendwo zwischen lähmender Apathie und der Überlegung, ob der Dutyfree-Shop auch Harakiri-Schwerter verkauft, fällt Achtenmeyer seine Superduper-Kreditkarte ein. Platinum, Centurion, irgendwas in der Art. Vor ein paar

Monaten hat er sie eigentlich nur gekauft, um das freundliche Geplauder mit der attraktiven Dame von der Kreditkartenfirma noch ein wenig in die Länge zu ziehen. Dann besorgte er über den inkludierten Service Madonna-Tickets für seine Frau. In einem akuten Anfall von *out-of-the-box-thinking* ließ er sich zwei Wochen später für drei Stunden einen Schauspieler vermitteln. Dem drückte er einen USB-Stick mit 82 *slides* in die Hand und schickte ihn als Ersatzmann zu einem öden Meeting in Prag, während Achtenmeyer selbst die Frühlingssonne in einem Biergarten am Moldau-Ufer genoss. Am nächsten Tag gratulierte ihm der *country-head* Tschechien per Mail zu seiner höchst überzeugenden Präsentation. Eine echte *success-story* also, einerseits. Andererseits kam Achtenmeyer dann doch ins Grübeln: Wenn ein dahergelaufener Mime einen gestandenen Marketer mal eben so doubeln kann, sind die Konsequenzen für den *headcount* vorhersehbar, inklusive seines eigenen *heads*. Vorsichtshalber hatte Achtenmeyer daraufhin erst mal die Finger von den verlockenden Serviceangeboten seiner Karte gelassen.

Jetzt aber könnte das Edel-Plastik sein *last exit* zum Vertragsabschluss sein. Achtenmeyer wählt die Servicenummer und trägt sein *issue* einer Frau Molendonk vor, die dem Akzent nach aus den mittlerweile nicht mehr ganz so neuen Bundesländern stammt. Was sie nicht daran hindert, bestens über die Gepflogenheiten im Land der Kirschblüten informiert zu sein. »Beliebt sind CDs mit deutschen Komponisten oder schöne Bierkrüge«, sagt Frau Molendonk fröhlich. Nippes für Nippon also, man hätte es ahnen können. Aber wo kriegt er in Tokio jetzt einen zünftigen Seidel her?

Alptraum mit Zimtaroma

Dem Jahresendstress zu entkommen, gelingt nur wenigen. Eine abgelegene Höhle kann da Wunder wirken. Es sei denn, sie hat Handyempfang.

So, denkt Achtenmeyer, mit scharfem »s« und kurzem »o«, die Kerze brennt, das Tannenzweigerl schmiegt sich malerisch an ihren roten Bauch, dann kann's ja losgehen mit dieser Relax-Kiste. Er kuschelt sich in die reinweiße Bettwäsche einer dieser neuartigen Schlafkabinen auf einem der zahllosen Flughäfen, die er mittlerweile besser kennt als sein eigenes Wohnzimmer. Entwickelt für *Business-Traveller*, die tote Zeit nicht auf harten Sitzen im Gate verbringen, sondern sich entspannen möchten.

Entspannung also. *Actually* hat er die zu keiner Jahreszeit nötiger als jetzt, da alle Welt nur Glühwein und Besinnlichkeit im Kopf hat sowie Glocken, die süßer nie klingen. Achtenmeyers Kopf dagegen ist voll mit Jahresabschlüssen, *forecasts* und *change requests*. Am schlimmsten ist die Weihnachtsfeier, jedes Jahr der gleiche Alptraum mit Zimtaroma. Und das, obwohl er sich eigentlich als kontaktfreudiger *big linker* begreift. Das Problem aber ist: Die Zeitungen strotzen vor Ratschlägen, wie sich Mitarbeiter dem Vorgesetzten gegenüber während der Festivität verhalten sollten (nicht duzen, nicht küssen, keine Bitte um Gehaltserhöhung). Zum Verhalten als Chef hat er dagegen nichts gefunden.

Ein grundlegender *downside* unserer Zeit, die unzählige

Optionen, aber kein vernünftiges *manual* anbietet. Das Leben, übt sich Achtenmeyer als Philosoph, ist wie ein Ikea-Regal: Die Anleitung ist unverständlich, und es sind immer zu wenig Schrauben da. Oder zu viele. Jedenfalls hat er ständig das Gefühl, etwas falsch gemacht zu haben.

Letztes Jahr etwa hat sich Frau Schnitzel über seinen Scherz bezüglich Weihnachtsfeier und Beckenbauer nicht gerade ausgeschüttet vor Lachen. Rückblickend wäre der harmlose Spaß besser angekommen, wenn Achtenmeyer den Gürtel geschlossen gehalten hätte. Aber nachdem ihm im Jahr zuvor Sauertöpfigkeit attestiert worden war, wollte er halt einen humorigen *footprint* hinterlassen. Derart peinliche Erinnerungen sind leider nicht sehr entspannungsfördernd.

Seufzend setzt er sich daher jetzt an den integrierten Arbeitsplatz, um seine alljährliche Weihnachts-Dinnerspeech zu aktualisieren. Erster Satz: »Wieder liegt ein erfolgreiches Jahr hinter uns.« Achtenmeyer streicht »erfolgreich«. Hm. »Wieder liegt ein Jahr hinter uns.« Inhaltlich absolut korrekt, dennoch irgendwie unbefriedigend. Müßig checkt er Börsennews per Blackberry, sieht den Aktienkurs seiner *company* und muss vor Schreck an seine *forecasts* denken. Er ersetzt »erfolgreich« durch »schwierig«. Das ist bitter, hat aber den Vorteil, dass er zumindest diesen Satz im nächsten Jahr gleich übernehmen kann. Der Nachteil ist: Von Entspannung ist Achtenmeyer jetzt weiter entfernt als China von Demokratie. Sogar seine schöne Kerze erinnert ihn in der kleinen Kammer plötzlich an ein Grablicht. Vielleicht ist es ein Fehler im Schlafkabinen-Konzept, Schlummerkammern mit Handyempfang anzubieten. Der Entspannung ist das nicht unbedingt förderlich. Zumindest eine Relax-Gebrauchsanweisung sollte beiliegen.

Wir-Gefühl für die Workforce

**Entspannte Mitarbeiter sollten das Ziel jeder
Führungskraft sein. Es gibt da nur ein Problem:
Die Mitarbeiter sind umso lockerer, je weniger der
Chef da ist.**

Morgens auf der Fahrt ins Büro hört Achtenmeyer immer
Klassik Radio. Erstens ist die akustische Gesellschaft von
Bach und Beethoven einer Führungskraft seines Formats
eher angemessen als die von Britney Spears und ähnlichem
Schnullibulli. Zweitens kann er dem bildungsbürgerlichen
Ernst mehr abgewinnen als den manisch gut gelaunten Mo-
deratoren der Mainstream-Sender. Zumindest war das bis
vergangenen Mittwoch der Fall, als die Klassik-Moderatorin
in die letzten Takte von Beethovens Fünfter hineinkrähte:
»Und bleiben Sie entspannt.« Stunden später noch zitterte
Achtenmeyer vor Wut. »Entspannung ist für *underper-
former*! Ich muss ein *business* am Laufen halten, da will ich
gar nicht entspannt sein«, empörte er sich am Abendbrot-
tisch. »Solltest du aber. Wäre deine *Work-Life-Balance* besser, wären es vielleicht auch deine Ergebnisse«, replizierte
seine Gattin spitz. Und fügte hinzu, dass sie zu diesem
Zweck für die Ferien eine Kreuzfahrt wünsche. Widerspruch zwecklos, *details to be finalised* by Achtenmeyer.

Auf einem Symposium hörte Achtenmeyer kürzlich, wie
wichtig es gerade jetzt sei, das *commitment* der Mitarbeiter
zu stärken. Zusammenhalt, eine motivierende und ent-

spannte Arbeitsatmosphäre, Wir-Gefühl für die *workforce*. Der ganze Krempel, von dem er dachte, er sei ihn auf seinem *level* endlich los. Konsequenterweise war der einzige Unterschied zwischen Arbeit und Ferien für ihn bislang der, dass er in den Ferien daran denken musste, den richtigen Länderadapter für seinen Blackberry einzupacken. Doch dass seine Frau und ein waschechtes wissenschaftliches Symposium einer Meinung waren, gab Achtenmeyer dann doch zu denken.

Also buchte er eine Kabine für eine Mittelmeerkreuzfahrt auf der »Dream of the Seas«. Recht günstig wegen des schlechten Dollar-Kurses, familiäre Atmosphäre, Fünf-Sterne-Küche, Spa, Fitnesscenter, Landgänge zu diversen Golfplätzen, dazu eine 95-köpfige »award-winning crew« für nur gut hundert Gäste. Sogar die Sonnenbrille werde einem da geputzt, ein echter Geheimtipp, betonte Lugerer aus der Rechtsabteilung. Mit jedem Punkt, den Lugerer erwähnte, gruselte es Achtenmeyer mehr. Alles klang tatsächlich so, als würde sich ein gewisses Maß an Entspannung nicht vermeiden lassen, und exakt diese Tatsache ließ ihn zunehmend gereizter werden. Von motivierender Atmosphäre konnte zumindest aus Achtenmeyers Perspektive immer weniger die Rede sein.

Erst recht nicht, als seine Frau am Tag der Abreise auch noch das Geheimversteck entdeckte, in dem er seinen Blackberry an Bord schmuggeln wollte. Die letzte Nachricht, die er lesen konnte, war ein *round-up* der Symposiumsergebnisse. Darin stand, dass Mitarbeiter deutlich entspannter im Job sind, wenn der Chef nicht da ist. So war das also mit der *Work-Life-Balance* und seinen Ergebnissen gemeint. Nun, wenn es dem Klima in der Abteilung dient, dachte Achtenmeyer und folgte seiner Gattin zum Taxi.

Ich! Bin! Ein! Vielflieger!

**Eine Führungskraft erkennt man daran,
dass sie andere dazu bringt, das Richtige zu tun.
Oder an ihrer goldenen Senator-Karte.**

Wie jedes liebende Paar pflegen auch die Achtenmeyers eine schöne Weihnachtstradition: Sie streiten. Und wie jede Tradition lebt auch diese von der Abwechslung. Es begann damit, dass Frau Achtenmeyer sagte: »Weißt du was, Schatz, wir haben doch alles. Lass uns doch mal aufhören mit der nervigen Schenkerei.«

Das war vor vielen Jahren, und Achtenmeyer war weit davon entfernt, der Fachmann für weibliche Linguistik zu sein, der er heute ist. Sonst hätte er an Heiligabend nicht so dumm und mit leeren Händen dagestanden, auf die seine Frau entsetzt starrte. »Ich meinte doch nicht ›gar nichts schenken‹, du Monster«, schrie sie und stapelte demonstrativ die Päckchen mit dem Montblanc-Füller, dem Rasierapparat und dem Gutschein für eine Baggerfahrt aufeinander, die sie für ihn gekauft hatte.

Durch Schaden klug geworden, überrascht Achtenmeyer seine Gattin nun jedes Weihnachten mit der beeindruckenden Beute seiner Streifzüge durch die Luxusläden der Stadt. Ihre Gegengeschenke jedoch bestechen zwar durch Originalität (schwimmen mit Haifischen, Golfset für die Toilette), aber nicht gerade durch exakte Kenntnis der Vorlieben ihres Ehemanns. »Du hast ja auch keine Vorlieben«, schreit seine

Gattin regelmäßig unterm Tannenbaum, »es ist schlicht unmöglich, dir etwas zu schenken.«

Nun, der Dame kann geholfen werden, dachte Achtenmeyer. Vor einigen Wochen landete – Achtung, Wortwitz! – ein Brief der Lufthansa auf seinem Schreibtisch. An die genauen Formulierungen erinnert sich Achtenmeyer nicht mehr, da er das Schreiben sofort wutentbrannt im Schredder versenkte. Aber sinngemäß lautete der Inhalt wie folgt: »Sehr geehrter Miles-&-More-Kunde, leider sind Sie in diesem Jahr nicht oft genug geflogen. Für den Erhalt Ihres Senator-Status fehlen Ihnen aktuell mehrere zehntausend Statusmeilen. Wenn Sie keine Lust haben, andauernd in zehntausend Fuß Höhe pappige Sandwiches und vertrocknete Schokoriegel zu essen, können Sie den Senator-Status alternativ auch durch die Zahlung von tausend Euro erhalten.«

Selbstverständlich ist Achtenmeyer keiner dieser oberflächlichen Businesskasper, die mit albernen Statussymbolen ihre traurige Existenz aufpolieren müssen. Bis unter die Haarspitzen ist er intrinsisch motiviert, er brennt für seinen Job. Doch die goldene Senator-Karte ist ihm irgendwie ans Herz gewachsen. In seinem Portemonnaie hat er sie eigens in den Schlitz gesteckt, dessen Nähte ausgefranst sind, so dass sie bei jedem Bezahlvorgang ganz »zufällig« herausfällt, lediglich der Schwerkraft und Achtenmeyers Selbstverliebtheit gehorchend.

»Ach, entschuldigen Sie bitte, jetzt ist mir doch glatt meine *Senator-Karte* herausgefallen«, pflegt Achtenmeyer in solchen Momenten zu sagen. »Wären Sie so nett und würden einen Schritt beiseitetreten, damit ich meine *Senator-Karte* aufheben kann? Danke.« Wie heißt es so schön: Es sind die kleinen Dinge, die den Alltag leuchten lassen.

Und jetzt drohte also der »Frequent Traveller«, die Missgeburt des Marketings. Dass er häufig reist, weiß Achtenmeyer selbst, dafür braucht er kein Stück Plastik. Dass er Senator ist, *Senator!*, das hätte er gerne schwarz auf weiß beziehungsweise eben weiß auf Gold. Zu blöd, dass die *company* die Reiserichtlinien drastisch verschärft hat und er sich Interkontinentalflüge in der Business-Class erst mal abschminken muss.

Hier kam nun Frau Achtenmeyer ins Spiel. »Liebling, dieses Jahr weiß ich genau, was ich mir wünsche«, triumphierte Achtenmeyer beim Abendessen. »Bitte schenk mir tausend Euro, damit ich meinen Senator-Status nicht verliere.« Die Ehefrau würdigte ihn noch nicht einmal mit einer ausformulierten Antwort, sondern knurrte nur einige Wortfetzen wie »immer diese Spinnereien« und »Männer sind so was von unromantisch«.

Nun gut: Der Mensch ist anpassungsfähig, schon zu Neujahr hat Achtenmeyer das demütigende *downgrade* zum »Frequent Traveller« beinahe vergessen. Die Naht im Portemonnaie hat er nähen lassen, so dass die neue Karte der Schande nicht versehentlich herausrutschen kann. Schaler aus dem *research* dagegen hat das offenbar versäumt. Der arme Tropf steht vor ihm in der Schlange beim Bäcker und jetzt purzelt ihm eine Plastikkarte aus dem Portemonnaie und fällt direkt vor Achtenmeyers Füße. Der muss gar nicht hinsehen, er weiß auch so, was es ist. Noch bevor Schaler zu seinem »Ach, entschuldigen Sie bitte …« ansetzen kann, packt Achtenmeyer ihn am Kragen. »Woher haben Sie die? Schon mal was von den neuen *Business Travel Guidelines* gehört?« Schaler ist beleidigt. »Meine Frau hat mir die fehlenden Meilen geschenkt. Das nennt man romantisch, Sie Blödmann.«

Tatsächlich, denkt Achtenmeyer, das IST romantisch. Gleich morgen wird er seiner Frau zwei Flüge nach Australien buchen, Business. Die Meilen kann sie ihm dann schenken. Und am Ende der Welt einmal in Ruhe überlegen, warum sie verdammt noch mal nicht so romantisch ist wie andere Frauen. Zum Beispiel die von Schaler.

Lessons learned

Geben und Nehmen: Was hat Meilensammeln mit Management zu tun? Mehr als gedacht: Managen bedeutet auch, die Bedürfnisse anderer richtig einzuschätzen – und sie idealerweise zu nutzen. Hätte Achtenmeyer seinen Wunsch nach Geld für Meilen nicht als Forderung formuliert, sondern nur von seinem Problem erzählt, hätte ihm seine Frau vielleicht von sich aus den Wunsch erfüllt.

Bling bling: Mehr PS im Dienstwagen, großzügigere Spesenrichtlinien, ein Parkplatz näher am Eingang: Führungskräfte lieben Statussymbole. Zugeben wird das natürlich niemand, und das ist ja gerade der Witz dabei: Wer sich anstrengt, um sie zu erreichen, oder es auch nur zugibt, der hat schon verloren.

Triumph der Coolness: Noch schlimmer, als sich anzustrengen, ist es, Neid zu zeigen. Das Statussymbol des anderen vervielfacht dadurch augenblicklich seinen Wert.

Germanische Bulldozer: Deutsche Manager tun sich mit gutem Benehmen auf internationalem Parkett oft schwer. Häufigster Fehler: allzu forsches Auftreten und Drängeln auf den Abschluss – anstatt das Gegenüber erst mal richtig kennenzulernen.

Hochmut kommt vor dem Fall: Sich als Manager für Dinge demonstrativ nicht zu interessieren (und sei es auch nur das passende Mitbringsel für einen Geschäftspartner auf einem anderen Kontinent), das geht schnell nach hinten los. Der sicherste Weg, sich ins Abseits zu manövrieren, ist der, sich gleich freiwillig dorthin zu begeben.

Bottom up: Natürlich sind Chefs schlauer, sonst wären

sie ja nicht Chefs. Oder? Im Ernst: Mitarbeiter haben auch Ideen, viele und gute. Öfter mal auf sie hören, kann sich für Führungskräfte lohnen. Nicht umsonst sagen viele Chefs im Scherz: »Ohne meine Sekretärin wäre ich aufgeschmissen.« Das soll kokett klingen – ist aber nicht selten die Wahrheit.

V.

Heldinnen auf High Heels

Wie die Ehefrau und andere Chefinnen das Business wuppen

Frauen, sagen viele Frauen, hätten es nie zur Finanzkrise kommen lassen. Sie hätten auch nie die Atombombe erfunden, geschweige denn eingesetzt, und würden nicht mit Zertifikaten auf Lebensmittel handeln. Wir werden sehen, ob das stimmt. Denn fest steht: Das 21. Jahrhundert wird weiblich.

Anders als einige seiner Kollegen kann Achtenmeyer darin kein Problem erkennen. Zumindest theoretisch. Im *daily business* merkt er aber schnell, dass seine einst bewährte Tanzschul-Galanterie doch schon ein wenig angestaubt und auf die schönen Geschlechter-Klischees (Mars-Männer, Venus-Frauen) auch kein Verlass mehr ist. Seine Widersacherin Frau Bengt hat nichts für die Erfrischungsgetränke übrig, die Achtenmeyer ihr anbietet, und möchte lieber inhaltlich arbeiten. Selbst Frau Schnitzel, seine ebenso zauberhafte wie zuverlässige Sekretärin, schmiedet neuerdings mächtige Allianzen, wenn es darum geht, für die wirklich wichtigen Dinge zu kämpfen. Wie beispielsweise die Dekoration im Vorzimmer.

Glücklicherweise ist Achtenmeyer im Kampf der Geschlechter nicht auf sich allein gestellt, sondern hat eine äußerst mächtige Verbündete: seine Frau. Die, wiewohl im Binnenverhältnis alles andere als sein größter Fan, stattet ihn vor wichtigen Gesprächen mit ausreichend Munition aus, schneidet seine Marotten auf ein zivilisationsübliches Maß zurecht und beweist ständig, was wir auch von Achtenmeyer erwarten würden: *leadership*.

Sie hat eben erkannt, was er erst lernen muss: Wenn es um Männer und Frauen im Job geht, dann geht es gar nicht um Männer und Frauen. Sondern um Qualifikation und Leistung. »Das hatte ich ja gleich befürchtet«, resümiert Frau Achtenmeyer mit Blick auf ihren Gatten.

Der kleine Unterschied

**Ränkespiele, Winkelzüge, Frontalangriffe –
die Welt des Managements ist tückisch. Noch nicht
mal auf alte Geschlechter-Klischees ist Verlass:
Volle Deckung, jetzt kommt Frau Bengt!**

Mit der neuen Abteilungsleiterin Controlling hatte Achtenmeyer lange kaum zu tun, bis Frau Bengt neulich in seinem
Büro stand, zum *update* über das Phönix-Projekt. Phönix
soll die interne Abstimmung zwischen den Abteilungen, in
Sonderheit Marketing und Controlling, auf eine neue Effi-
zienz-Stufe heben. Phönix ist hochgeheim, nur *top level* ist
involved, es geht um Synergien und Prozesse. Aber natürlich
ist allen klar, dass es vor allem um Karrieren geht, um die
von Frau Bengt und um die von Achtenmeyer. Wer Phönix
zum Erfolg führt, dem steht der Weg nach ganz oben offen.

Deshalb hatte sich Achtenmeyer natürlich vorbereitet,
weniger auf Frau Bengt persönlich, vielmehr auf die Tatsache, dass sein Gegenspieler diesmal weiblich ist. »In dieser
Schlacht«, hatte er noch am Abend zuvor gewichtig seiner
Gattin verkündet, »geht es nicht um Qualifikation. Sondern
um *gender*.« Die Gattin blätterte eine Seite in ihrem Krimi
um und entgegnete: »Na, dann hast du ja vielleicht eine
Chance.«

Nun, mit Sarkasmus war Achtenmeyer wenig geholfen,
und so sah er sich nach längerer Pause genötigt, sich wieder
mit Frauen zu beschäftigen. Er fand heraus, dass mehr Frauen

in Führungspositionen verlangt werden und dass Start-ups erfolgreicher sind, wenn Frauen im Führungsteam sind. Nicht so gute Nachrichten für sein persönliches Anliegen.

Weiter fand er heraus, dass Frauen zwar kommunikativer sind, dafür aber schlechter verhandeln können, es sei denn, sie verhandeln nicht für sich selbst, sondern für jemand anderen. Das war doch schon mal was.

»Meine liebe Frau Bengt, herzlich willkommen in meinen bescheidenen Räumlichkeiten. Was darf ich Ihnen anbieten?«, eröffnete Achtenmeyer die erste Runde. Eigentlich wollte er noch einige Getränke wie Kaffee, Tee, Fruchtsaft aufzählen, wegen der Konversation. Doch Frau Bengt fiel ihm ins Wort: »Meine Zeit ist knapp. Lassen Sie uns sofort anfangen.«

So viel also zur weiblichen Kommunikationsfreude, dachte Achtenmeyer, ging mit Frau Bengt ermüdende zwanzig Minuten langweilige Charts durch und startete dann seinen wichtigsten Vorstoß: »Ich möchte Ihnen bestimmt nicht zu viel Arbeit aufhalsen, doch Sie sind neu in der *company*, da wäre es doch sicher eine gute Gelegenheit, wenn Sie unsere *results* bei Dr. Karl präsentieren und das künftige *set up* aushandeln?«, säuselte er. »Einverstanden. Wiedersehen«, sagte Frau Bengt und war weg.

Eigentlich ein schwerer taktischer Fehler Achtenmeyers, schließlich sind Präsentationen DIE Gelegenheit, sich mit den Lorbeeren anderer zu schmücken und die Weichen in die gewünschte Richtung zu stellen. Doch eingedenk des qua Geschlecht geringeren Verhandlungsgeschicks von Frau Bengt war das Risiko minimal. Es geht eben nichts über ausgiebigen *research* über den Gegner, freute sich Achtenmeyer über seinen Schachzug.

Tags darauf kam eine Mail von Dr. Karl, in der er ihm

mitteilte, dass ihn »Frau Bengts Ergebnisse überzeugt« hätten und dass er in Sachen Phönix künftig bitte an Frau Bengt berichten wolle. Achtenmeyers prompte Einladung zum Bier unter Männern – eine Panikreaktion – ließ Dr. Karl unbeantwortet.

»Ich versteh das nicht«, klagte Achtenmeyer abends seiner Gemahlin. »Ich hatte mich so intensiv mit den Stärken und Schwächen des weiblichen Management-Stils beschäftigt. Mein Plan war perfekt.« Seine Gattin legte das Buch beiseite und sah ihn exakt so an wie neulich den Schuhverkäufer, der ihr erklärt hatte, das von ihr präferierte Gucci-Modell sei leider ausverkauft.

»Glaubst du etwa wirklich noch, es gibt Unterschiede zwischen männlichen und weiblichen Top-Managern?«, fragte sie entgeistert. »Es geht nur um Qualifikation und um Leistung. Das hatte ich ja gleich befürchtet.«

Vom Numbercruncher zum Conférencier. Und zurück.

Schlechtes Englisch gilt in vielen Unternehmen als Konzernsprache. Zu schade, gehört doch der Kontakt mit anderen Sprachen und Kulturen zu den erfreulichen Nebenwirkungen des Manager-Daseins.

Mireille hat ihm eine Grußkarte zum Geburtstag geschickt, und jetzt hat Achtenmeyer ein Problem. Denn der Mann von Welt antwortet einer Dame selbstverständlich in eleganter Schriftform, auch wenn sein Schulfranzösisch gefühlt im frühen 18. Jahrhundert stattfand und er an Mireille nur noch äußerst vage Erinnerungen hat. In denen zudem zwei Flaschen Calvados erheblich größeren Raum einnehmen als die Dame selbst. Dennoch holt Achtenmeyer tapfer das Pons-Wörterbuch aus dem Regal und einen Châteauneuf du Pape aus dem Keller.

Nach anderthalb Stunden ist die Flasche leer, das Blatt Papier vor ihm leider auch noch, und als *key finding* muss Achtenmeyer erkennen: Seine Kenntnis des Französischen ist eine riesige *area of opportunity*. Konkret beschränkt sie sich auf gängige Rebsorten und einen schmutzigen Witz (»Sie können Französisch? Die Sprache auch?«). Derart alarmiert, definiert er flugs die Agenda: Ein Sprachkurs muss her, aber tout de suite.

Ohnehin befällt Achtenmeyer zuletzt häufiger das irritierende Gefühl, seine wahre Berufung verfehlt zu haben. Topmanager, europaweites *campaigning*, Senator-Status, das ist alles auch nicht mehr, was es einmal war. Im Grunde seines Herzens begreift er sich schließlich nicht als nüchternen *numbercruncher*, sondern als feinsinnigen Conférencier, der eine gesellige Runde mit Esprit und zauberhaften Anekdoten unterhält. Eine Runde wie jene, in der er nur drei Tage nach dem Mireille-Vorfall mit dem jungen Eberwald sitzt. »Dinieren und Lernen« nennt sich das neue Dinnerkonzept eines Hotels, das Geschäftsleuten die Gelegenheit bietet, über landestypischen Speisen Small-, Business- oder Travel-Talk mit einem professionellen Sprachtrainer zu führen. Zu Roastbeef, böhmischen Knödeln oder Bouillabaisse parliert man auf Englisch, Tschechisch oder eben Französisch über Kunst, Kultur und Kulinarik.

Dem jungen Eberwald, Eliteuni-Absolvent und *rising star* seiner Abteilung, hat Achtenmeyer dieses *incentive* aus zwei Gründen spendiert. Erstens weil Mitarbeitermotivation zuletzt eine beängstigend wichtige Rolle in den Bonusgesprächen erobert hat. Zweitens weil jeder Conférencier nur so gut ist wie seine Claqueure. Nachdem sich die ersten Minuten etwas zäh anlassen, befindet Achtenmeyer die Zeit reif für einen kleinen Scherz. Keinen schmutzigen, Gott bewahre. Nein, es handele sich um ein niveauvolles Bonmot feinsten Sprachspiels, versichert er und schüttet beherzt einen Schwung Cola in seinen Rotwein. »Liebe Freunde, was ist das?«, fragt Achtenmeyer und gibt glucksend selbst die Antwort: »Na, coke au vin natürlich!« Eberwald rollt kurz die Augen und nimmt wieder sein angeregtes Gespräch mit dem Sprachtrainer auf. Wie sich herausstellt, lag seine Eliteuni in Paris, und binnen Minuten ist er nun Conférencier

Da er nun gar nicht mehr beachtet wird, macht sich Achtenmeyer im Geist zwei Notizen: Eberwalds Bonus kürzen. Und Mail an Mireille. Auf Englisch. Schließlich ist er Manager.

Der perfekte Sturm

Dem guten Manager ist Planung alles, auch wenn er Urlaub macht. Zu schade, denn im Chaos gedeiht das Genie – und verkümmert in der Disziplin.

Im Urlaub traf Achtenmeyer neulich Hans-Jochen Vogel. Auf der Fähre, wenige Sitzreihen vor ihm, zog ein Mann eine wuchtige Ledermappe hervor, riss mit routiniertem »Zzzzzippp!« den Reißverschluss auf und blätterte durch geschätzte 250 Seiten, sorgfältig in Klarsichtfolien sortiert, bis er endlich Reservierung und Anfahrtplan für sein nächstes Quartier gefunden hatte. In Farbe ausgedruckt.

Während Achtenmeyer noch über die Rüstigkeit des früheren SPD-Vorsitzenden staunte, der offenbar im hohen Alter den Langstreckenflug nach Los Angeles nicht scheute, zischte seine Frau: »Guck mal, da vorne, ist das nicht der Baumgarten?«

Achtenmeyer kniff die Augen zusammen. In der Tat, Hans-Jochen Vogel war in Wahrheit sein Intimfeind Baumgarten aus dem Controlling. »Typisch für diesen kleinkrämerischen Kästchenzähler, dass er seine Reise bis auf den letzten Latte macchiato im Drive-Thru durchgeplant hat«, hämte Achtenmeyer.

Bei ihm selbst führte, wie in jedem Urlaub, General Zufall Regie. Was seine Gattin schlicht Faulheit nennt, ist für Achtenmeyer indes eine Lebensphilosophie. »Pass und Kreditkarte, mehr Vorbereitung brauche ich nicht«, tönt er gern auf Partys und hängt eine längere Ausführung an über das Genie, das im Chaos gedeiht, in der Disziplin jedoch verkümmert.

Bis vor einigen Jahren hielt er ähnliche Vorträge auch in der *company* über seinen Management-Stil. Doch dann tauchte Baumgarten auf, mit seinen Klarsichthüllen, *milestones* und 5-Jahres-*forecasts*, und Dr. Karl wurde nicht müde, die *analytical skills* und den *helicopter view* des Neuen zu loben. Fortan musste sich Achtenmeyers genialisches Durchwursteln vorrangig in der Urlaubszeit bewähren. Sehr zum Leidwesen seiner Frau, die in langen Ehejahren einen gut Teil ihrer erfrischenden Spontaneität verloren hat und es nicht mehr romantisch findet, nachts um elf immer noch kein Hotelzimmer zu haben. Sondern schlicht zum Brechen.

Als die Fähre landet und sich das beschauliche kleine Fischerörtchen als tatsächlich bezaubernd beschaulich, aber doch auch deutlich kleiner entpuppt als gedacht, ist es wieder mal so weit. Das einzige Hotel ist ausgebucht, Baumgarten hat vor zwölf Wochen das letzte Zimmer ergattert und genießt auf der Terrasse seinen Sundowner, ein Gratis-Welcome-Drink für Frühbucher. Derweil ruckelt Achtenmeyer hektisch am kleinen Plastikbällchen seines Blackberry und googelt sich durch die Hotelangebote der weiteren Umgebung. Zwischendurch beantwortet er noch rasch eine Mail von Dr. Karl bezüglich des abteilungsübergreifenden Projekts, für dessen Leitung sich Baumgarten und er beworben haben. Dr. Karl bittet dringend um Präzisierung der eingereichten Präsentation, und als Achtenmeyer diese abgeschlossen hat, ist die Nacht hereingebrochen.

Bei dem einzigen anderen Hotel um Umkreis von fünfzig Kilometern springt nur ein Fax an, Baumgarten hat bereits das Licht gelöscht. Es ist der perfekte Sturm, das vielgepriesene Genie zeigt sich eingeschüchtert und ungewöhnlich ideenlos. Achtenmeyer ist jetzt froh, dass er auf einem großen SUV bestanden hat, denn so hat er es in der Nacht auf der Rückbank doch noch einigermaßen bequem, während seine Gattin vor lauter Zetern irgendwann auf dem Vordersitz eingeschlafen ist.

Da bekommt er eine Mail: »Erreiche Baumgarten nicht, Sie haben die Projektleitung. Gruß, Dr. Karl«. Wahrscheinlich hat Baumgarten die Entscheidung über die Projektleitung ganz hinten in seiner Mappe auf Folie 247 zur Wiedervorlage abgeheftet. Die war heute einfach noch nicht dran, schmunzelt Achtenmeyer und lauscht der Brandung.

Vom Bärchen zum Chairman

**Moderner Führungsstil lässt sich auf viele Lebens-
bereiche übertragen, zum Beispiel auf die eigene Ehe.
Umgekehrt funktioniert es sogar noch besser.**

Schon seit er als Teenager Karl May las, hat Achtenmeyer
eine Schwäche für Wörter. Als Führungskraft kanalisierte er
diese Leidenschaft in ein Faible für schmucke Titel. Doch
wie jede Schwäche hat auch diese seiner Karriere nicht eben
Feuer unterm Hintern gemacht. In den vergangenen vier
Jahren etwa erhöhte sich seine *compensation* um keinen einzigen Euro.

Zwar adressierte er das Thema in jedem Entwicklungsge-
spräch mit Dr. Karl, doch sein Vorgesetzter murmelte stets
etwas von Budgetzwängen und allgemein durchwachsenen
globalen Aussichten, um dann die Tonlage blitzschnell von
Moll auf Dur umzuschalten und Achtenmeyer freudestrah-
lend zu verkünden: »Aber wie wäre es mit einer Beförderung? Erst mal nur im Titel sichtbar, aber das Gehalt wird
dann ja quasi automatisch angepasst.«

Dem Automatismus gelang indes das Kunststück, seinem
eigenen Wortsinn zu entwischen, doch auf dem Papier –
und nur da – ist Achtenmeyer auf diese Weise binnen kür-
zester Zeit rasant aufgestiegen: Vom »Marketing Director«
zum »Associate Vice President«, weiter zum »Vice President« und schließlich zum »Executive Vice President«. Natürlich ohne dass dies irgendwelche Folgen für seine tat-

sächlichen Zuständigkeiten oder gar sein Gehaltskonto gehabt hätte.

Nun, aktuell steht wieder eine Entwicklungs-*facetime* mit Dr. Karl an. Achtenmeyer fiebert ihr mit ungewöhnlich großer Anspannung entgegen, denn von Dr. Karl weitgehend unbemerkt, hat sich in Sachen »Aufstieg Achtenmeyer« eine Art *perfect storm* zusammengebraut. Zum einen gehen der Personalabteilung langsam die Business-Vokabeln für die Titel aus. Der einzig logische *next step* wäre der »Senior Vice President«, doch diesen *jobtitle* führt bereits Dr. Karl, und dessen Position ist nun mal ungleich wichtiger als die Achtenmeyers.

Zum anderen präsentiert sich die Situation an der Heimatfront in einem kritischen Zustand: Weil Achtenmeyer lange nur mit schöneren Titeln abgespeist wurde, brachte er auch nicht mehr Geld nach Hause. Die im Gegensatz dazu exponentiell steigende Erwartung seiner Ehefrau konnte er anfangs noch mit fantasievollen Wortgirlanden parieren (»Sieh mal, Porsche Cayenne klingt doch einfach nur affig und protzig. VW Tiguan dagegen, das hört sich nach einem pfiffigen kleinen, verspielten Tier an«).

In der zweiten Phase kopierte er Dr. Karls Methode und beförderte seine Gattin, als gäbe es kein Morgen. Hatte er sie zu Beginn ihrer Ehe noch mit recht orthodoxen Kosenamen bedacht (»Bärchen«, »Blume«, »Goldstück«), wurden die Titel fantasievoller und ironischer, je mehr Routine den ehelichen Alltag dominierte (»Oberfeldwebel«, »Großinquisitor«). Bis sich Achtenmeyer schließlich hemmungslos aus dem großen *Corporate*-Fundus bediente und seine Frau zunächst zur »Etatdirektorin« ernannte, später dann in den Vorstand des ehelichen Unternehmens holte (»Chief Operating Officer«) und sie schließlich zum »Chairman of the

Board« machte. Irritierenderweise spiegelte der virtuelle Aufstieg seiner Frau auch die Realität des ehelichen Machtverhältnisses ziemlich genau wider.

Das Problem aber ist ein anderes: Auch zu Hause ist nun das Ende der Titelfahnenstange erreicht. Wenn Achtenmeyer in den eigenen vier Wänden CEO unter seinem Chairman bleiben will, muss etwas Neues her.

So kommt es im Personalgespräch zum Showdown der Supermächte (Frau Achtenmeyer versus Dr. Karl), zwischen denen der Mittelmacht (Achtenmeyer) die totale Zerstörung droht. Wenn, ja, wenn seine Gattin nicht im Vorwege alle taktischen Winkelzüge von Dr. Karl antizipiert und Achtenmeyer intensiv gebrieft hätte. Deshalb sitzt der CEO von Achtenmeyer Inc. jetzt sehr entspannt auf Dr. Karls beigefarbenem Büroledersofa und pariert alle Vorstöße seines Chefs: Unsichere wirtschaftliche Lage? Unsere *company* steht glänzend da, und die – hausinternen! – Prognosen prophezeien stabiles Wachstum. Persönliche Leistung? Bitte schön: Alle *Key Performance Indicators* sind *above expectations*. Falsches Signal nach innen? Im Gegenteil, mein Beispiel wird die Motivation eher stärken.

Es kommt, wie es kommen muss: Achtenmeyer zieht tatsächlich als Sieger und um einige Euros reicher vom Schlachtfeld. Eine Woche später bemerkt er in einer Mail von Dr. Karl dessen neue Signatur: »Senior Executive Vice President«. Was übersetzt heißt: In diesem Jahr keine Gehaltserhöhung für Dr. Karl. Ganz offensichtlich ist dessen Gattin keine so gewiefte Verhandlungsexpertin, denkt Achtenmeyer. Und kauft auf dem Heimweg einen Blumenstrauß für seinen Chairman.

Senior Executive Vice President EEMEA:

Unterwegs im Jobtitel-Dschungel

Unternehmen brauchen Hierarchien – wie sollte man sonst wissen, wer schuld ist, wenn etwas schiefläuft? Durch das Aufkommen einer globalen Management-Kultur sind die Dinge allerdings etwas kompliziert geworden, und Außenstehende verirren sich leicht im Dschungel der Jobtitel. Dabei ist die Struktur eigentlich ganz einfach, wie das Job-Portal Experteer erklärt:

- Unterhalb der Management-Ebene arbeiten die *Associates* und *Senior Associates* vor sich hin – auf Deutsch »Fachkräfte« oder »Spezialisten«.

- Darüber kommt der *Manager*, der gewöhnlich Verantwortung für einige Mitarbeiter trägt, bisweilen für eine ganze Abteilung – im Deutschen wäre dann der »Abteilungsleiter« vergleichbar.

- Es folg der *Head of,* der die organisatorische Verantwortung für einen größeren Bereich trägt, zum Beispiel für das gesamte Marketing.

- Die erste leitende Position oberhalb der Managementebene ist oft der *Director* oder *Senior Director*. Ein *Director Sales* etwa hat die Kontrolle über den gesamten Sales-Bereich – auch der *Head of Sales* wäre ihm untergeordnet, vorausgesetzt, ein Unternehmen hat beide Hierarchiestufen.

- Auf der nächsten Ebene rangieren *Vice President* und *Senior Vice President (VP)*, die Ressorts oder Geschäftseinheiten leiten und direkt an die Geschäftsführung berichten.
- Darüber kommt dann nur noch das »C-Level«, benannt nach dem »C« für *Chief*, also etwa *Chief Information Officer* oder *Chief Executive Officer* (CEO) – vergleichbar dem Geschäftsführer oder, in einem börsennotierten Konzern, dem Vorstandsvorsitzenden.

Alles klar? Nein? Nun, die Ebenen können sich natürlich vermischen, nicht jedes Unternehmen verfügt über alle genannten Positionen, und auch die Verantwortlichkeiten innerhalb einer Position können variieren. Das klingt nach einem riesigen Durcheinander, das aber gewollt ist. Denn erstens bietet die Titelflut und die fehlende Trennschärfe eine schöne Gelegenheit, das Ego von Mitarbeitern mit »Beförderungen« zu streicheln, die zwar einen schönen neuen Titel mit sich bringen, aber nicht größere Verantwortung oder gar, Gott bewahre, ein höheres Gehalt.

Zweitens ist da ja noch die Matrix-Struktur, die sich in vielen Firmen nach wie vor großer Beliebtheit erfreut – zumindest im Top-Management. Dabei werden die Leitungsfunktionen auf zwei voneinander unabhängige und gleichberechtigte Dimensionen verteilt (etwa »Produkte« und »Verkauf«). Das ist toll, denn dann können alle überall mitreden und noch länger in Meetings sitzen. Titelwirrwarr und Matrix-Organisation erfüllen so zwei Zwecke, die in ihrer Widersprüchlichkeit wahrscheinlich das abbilden, was Management-Berater meinen, wenn sie von »flexibler Aufstellung« sprechen: Sie schaffen Hierarchien, um Verantwortlichkeiten festzulegen. Und dann machen sie die Hierarchien so komplex, dass die Verantwortlichkeiten nicht mehr erkennbar sind.

Und EEMEA? Hat mit der Hierarchie gar nichts zu tun, sondern ist eins der beliebten Kürzel, um die Zuständigkeit für eine bestimmte Region zu signalisieren, in diesem Fall »Eastern Europe, Middle East & Africa«. Aber das ist wieder eine ganz andere Geschichte.

Kickstart ins neue Jahr

Mehr Sport, mehr Ordnung, für jeden ein Lächeln:
Gute Vorsätze fürs neue Jahr sind schnell vergessen
und bisweilen ziemlich harte Nüsse.
Kein Problem für Achtenmeyer, den Nussknacker.

Die erzwungene Ruhe zwischen den Jahren hat auch Achtenmeyer genutzt, um innezuhalten, Bilanz zu ziehen. *The good news*: Sein Alter (Mitte oder Ende 40, das hängt von diversen mathematischen Streitfragen rund um die Zahlen 47 fortfolgende ab) ist überraschenderweise nicht sein größtes Problem. Was ihm beim Bilanzziehen größere Sorgen bereitet, ist die Tatsache, dass der Prozess des Bilanzierens selbst von Jahr zu Jahr komplexer wird. Selbst sein *Top-Level*-Führungskräfte-Gehirn, in seiner effizienten Eleganz nur noch vergleichbar mit einem von der NASA entwickelten chirurgischen Skalpell, stößt da an Grenzen.

Just to give an example: Noch vor nicht allzu langer Zeit konnte Achtenmeyer sämtliche Fotos, die er innerhalb des jeweils vergangenen Jahres geschossen hatte, in den paar Minuten durchgehen, die der Bundespräsident für seine Weihnachtsansprache benötigte. Kam das Staatsoberhaupt zum Schluss, war auch Achtenmeyer durch und hatte anhand der Fotos schon eine ziemlich präzise *back-of-the-envelope*-Bewertung seiner persönlichen Erfolge und Misserfolge angestellt.

Mittlerweile lähmt ihn allein der Gedanke an die zahllosen

Gigabyte an Bildern, die die Festplatte seines Notebooks verstopfen. Neulich hat er ausgerechnet, dass allein die Zeitmenge, die er bräuchte, um sie grob durchzusehen und zu sortieren, größer wäre als sämtliche Bundespräsidenten-Weihnachtsansprachen seit Gründung der BRD zusammengenommen. Ein echter *show-stopper*, und die Fotosache ist ja nur die Spitze des Eisbergs. Wie er der Flut von E-Mails, Posts, digitalen Bildern, MMS, Chat-Protokollen, PDFs, Video-Filmchen und so weiter als Privatmensch jemals Herr werden soll, bleibt für Achtenmeyer ein Rätsel.

Glücklicherweise hält die Welt für ihn noch immer einen Ort bereit, wo er im *driver seat* sitzt: seine *company*. Wie die meisten Menschen reagiert Achtenmeyer auf den Jahresendfrust mit neuen Vorsätzen. Und wie die meisten Menschen wählt er einige harte Nüsse sowie (wohl wissend, dass er die harten Nüsse auch im nächsten Jahr nicht knacken wird) einige leichte, schnell zu verwirklichende Ziele.

Sein erstes Opfer: Frau Schnitzel. Die Weihnachtskarten, die sie jedes Jahr wie eine Garnison Pappsoldaten auf der Fensterbank im Sekretariat aufreiht, waren ihm schon immer ein Dorn im Auge. Und so, getrieben vom Wunsch nach Ordnung und mit Jahresanfangsenergie bis unter die Haarspitzen aufgeladen, wischt er die Kartensammlung am nächsten Morgen mit kräftigem Schwung in den Papierkorb. »Meine liebe Frau Schnitzel, wir haben hier eine *clean desk policy*. Der Zustand des Büros spiegelt den geistigen Zustand seiner Besitzer, und da wollen wir doch einen guten Eindruck hinterlassen, nicht wahr?«

Ehe Frau Schnitzel etwas erwidern kann, lässt sich Achtenmeyer hinter seinem eigenen, wie stets makellosen Schreibtisch nieder. Mag Ordnung im Privatleben weiterhin ein *issue* sein – sein Vorzimmer wenigstens ist aufgeräumt.

Zufrieden seufzend klickt er sich durch die ersten E-Mails des neuen Jahres, als Dr. Karl in sein Büro platzt, ebenfalls voller Schwung und Jahresanfangsenergie. Die Quartalszahlen sind fertig, der *Marketing-Look-out* glänzt wie ein poliertes Diadem, Achtenmeyer fühlt sich gewappnet.

Doch sein Vorgesetzter hat etwas anderes auf dem Herzen. Wo denn die schönen Weihnachtskarten seien, die ihm sonst immer den Start ins neue Jahr versüßten, will Dr. Karl wissen. »Einer meiner Vorsätze ist: mehr Freiraum für die Mitarbeiter, mehr Persönlichkeit für die *company*. Mein lieber Achtenmeyer, wir sind ein Konsumartikler. Wir leben von den Gefühlen der Menschen. Wie wir mit unseren Mitarbeitern umgehen, spiegelt den Zustand unserer Firma. Da wollen wir doch einen guten Eindruck hinterlassen, nicht wahr?«

So fällt die Bilanz dieses trüben Januartages schließlich recht durchmischt aus: Frau Schnitzel verbringt zwei glückliche Stunden damit, ihre Weihnachtskarten neu zu arrangieren. Dr. Karl fährt mit dem beruhigenden Gefühl nach Hause, schon nach einem Tag hinter einen seiner Vorsätze ein Häkchen setzen zu können. Und Achtenmeyer sortiert mit Hilfe der Gesichtserkennung alle Fotos aus, auf denen er nicht lächelt.

Das kostet ihn zwar immer noch die ganze Nacht – aber das ist es wert. Schließlich will er einen guten Eindruck hinterlassen.

Am Ende gewinnt immer Mutti

Ist Mitarbeiterführung gefragt, schlägt die Stunde der Pädagogik. Und geht mal etwas schief, gibt's eine Tasse Kakao als Trost. Oder als Waffe.

Zum Jahresbeginn wird Achtenmeyer regelmäßig philosophisch. Sicher, das geht vielen Menschen so, aber die meisten ziehen Bilanz in eigener Sache, blicken zurück auf ein Jahr, das gut gelungen ist oder so war wie immer. Achtenmeyer dagegen weitet die Perspektive, nimmt größere Zusammenhänge ins Auge, das *big picture*. Wir leben in einer Zeit, sinniert er *this year*, in der die Mutterwelt an Bedeutung verliert und die Vaterwelt an Bedeutung gewinnt. Jetzt mal ökonomisch betrachtet.

In der Mutterwelt trocknen einen sanfte Hände nach dem Baden ab und reichen einen Becher heißen Kakao. Es gibt Lob selbst für die nichtigsten Erfolge, und auch wenn Achtenmeyer das niemals einem *reality check* unterworfen hat, ist er sich einer Sache sicher: Hätte er zu seiner Mutter gesagt, dass er jetzt eine Bank ausrauben gehe, wäre die Antwort gewesen: »Ist gut, Schatz, aber pass bitte auf, dass du dich nicht mit dem Revolver verletzt. Und zieh dir einen Schal an, sie haben Frost angesagt!«

Die Vaterwelt dagegen: Disziplin, Erwartungen, *Key Performance Indicators* (KPIs) – »Schon wieder eine Vier in Mathe? Und wie weit bist du in Sport gesprungen?« Väter meinen es nicht so, das weiß Achtenmeyer natürlich, sie sind eben fokussiert auf Ergebnisse. Auch sie lieben ihre Kinder und wollen sie eben deshalb möglichst gut aufgestellt sehen im Leben.

Nun war die Wirtschaft in Deutschland über lange Zeit eine Mutterwelt. Exportweltmeister, satte Zuwachsraten, bewährte Geschäftsmodelle, Urlaubs- und Weihnachtsgeld, Lohnfortzahlung, Sozialpartnerschaft. Alles lief gut, alle waren gut drauf. In den vergangenen Jahren hat die Vaterwelt Boden gutgemacht: *cost-cutting*, strengere Regeln, Effizienzsteigerung, das Kennzahlen-Regime herrscht.

Plötzlich muss Achtenmeyer an den Otto-Katalog denken, ein Trumm der Verlässlichkeit, ein Bollwerk, so schien es. Zusammengestellt von einem Unternehmen, in dem, so stellte er sich das immer vor, nachmittags gerne selbstgebackener Kuchen gereicht wurde und »sozial« mehr war als ein Schlagwort. Jetzt muss Otto gegen Mega-Wettbewerber wie Amazon bestehen, Sparrunden werden ausgerufen, und die Presse kräht frech: »Wann wird der letzte dicke Otto-Katalog gedruckt?« Kurz: Die KPIs haben das Sagen. Und wo die nicht gut aussehen, ist schneller Schicht im Schacht, als man »Restrukturierung« sagen kann.

Die Frage ist jetzt, wie Achtenmeyer die historische Gefechtslage zu seinem persönlichen Vorteil nutzen kann. Wenn er eins gelernt hat in seinem Job, dann dies: antizyklisch denken! Die Vaterwelt ist auf dem Vormarsch? Dann wird er eben mehr Mutter wagen. Er beginnt damit, sich nach dem Befinden seiner Mitarbeiter zu erkundigen. Er verteilt bewusst unwichtige, leicht lösbare Aufgaben, um das Selbstbewusstsein seiner Leute mit dem Pflücken dieser *low hanging fruits* zu heben. Und: Achtenmeyer lobt, was das Zeug hält. Frau Schnitzel für das zauberhafte Blumenarrangement im Vorzimmer. Herrn Ahneheim für die originellen

Zwischentitel in der Präsentation. Borgstein für die Harmonisierung der Einkaufsprozesse in der Türkei.

Selbst als Bindeler den *quarterly report* der Abteilung in den Sand setzt, weil er vor lauter Smartphone-Gefummel zu glauben scheint, »Addition« wäre eine neue App, flippt Achtenmeyer nicht aus, sondern knufft Bindeler freundlich in die Seite und sagt: »Wirklich ein sehr, sehr schöner *report*, den Sie da erarbeitet haben. Jetzt gehen Sie bitte noch mal alle Zahlen durch, könnte ja sein, dass irgendwo noch ein kleines Fehlerteufelchen lauert.«

Im Überschwang neuer Mütterlichkeit weist er Bindeler sogar an, den überarbeiteten *report* direkt an Dr. Karl zu mailen. Grundvertrauen ist schließlich wichtig, und Vertrauen ist ja keine Einbahnstraße. Außerdem sind die Rechenfehler so offensichtlich, dass sie jedem sofort ins Auge springen müssen.

Das tun sie tatsächlich, nur, dass die Augen, in die sie geradewegs und fröhlich hineinhüpfen, die von Dr. Karl sind. Dr. Karl ist selbstverständlich ein kristallklarer Repräsentant der Vaterwelt. Als solcher hat er wenig Verständnis für den pädagogisch wertvollen Ansatz Achtenmeyers, Bindeler behutsam an Kulturtechniken wie eigenverantwortliches Arbeiten, Einhalten von *deadlines* und korrekte Addition heranzuführen. Stattdessen kriegt Dr. Karl einen Schreianfall und haut Achtenmeyer die missglückten Quartalszahlen um die Ohren, dass das Blumengesteck im Vorzimmer vor Schreck seine Blätter verliert.

Und was tut Achtenmeyer? Er sitzt lächelnd in seinem Büro und nippt an der Tasse mit heißem Kakao, die Frau Schnitzel ihm vorsorglich hingestellt hat, weil sie schon ahnte, wie das *face-to-face* mit seinem Vorgesetzten enden würde. Er hat nicht vor, den Kakao ganz auszutrinken, und das ist auch der Grund für sein Lächeln. Den Rest wird Frau Schnitzel nachher Dr. Karl »aus Versehen« über seinen geliebten Zegna-Anzug kippen.

Denn das ist der Lauf der Dinge: Die Vaterwelt kann bessere Ergebnisse vorweisen. Aber am Ende gewinnt immer Mutti.

Kavalier im Chaos

In der Welt der Etikette lauern schlimme Fallstricke. Schon die korrekte Gruß-Reihenfolge bringt so manchen aus dem Tritt.

In der *company* wird wieder mal umstrukturiert. Für Achtenmeyer dräut damit nach einer angenehm langen Erholungsphase ein Zusammentreffen mit seiner Widersacherin Frau Bengt, der Abteilungsleiterin Controlling. Was ihm jedes Mal schmerzlich bewusst werden lässt, wie angenehm einfach doch die Vergangenheit war.

Es fängt schon mit Kleinigkeiten an. Zu seinen Tanzschulzeiten, irgendwann im frühen 18. Jahrhundert, galt Achtenmeyer als eleganter Charmeur. Seine Verbeugung vor den Damen – vollendet. Sein Small Talk während des langsamen Walzers – erfrischend. Und sein Handkuss am Schluss – zum Niederknien. Kurz: Auf dem glatten Parkett komplizierter Etikette machte Achtenmeyer seit je eine ausnehmend gute Figur. Schade nur, dass sich die Etikette seither ein wenig verändert hat, insbesondere was den Umgang mit dem weiblichen Teil der Bevölkerung angeht.

Kürzlich erst, es regnete in Strömen, lief Achtenmeyer nach einem Meeting eilfertig zum wartenden Taxi und öffnete seiner Geschäftspartnerin die Tür hinten rechts. Die Dame warf ihm einen Blick zu, der Superman zum Abstürzen gebracht hätte, und setzte sich indigniert auf den Beifahrersitz.

Derlei Ereignisse haben Achtenmeyers Vertrauen in seine

Fähigkeiten als Kavalier ziemlich erschüttert. Dass er demnächst ein Meeting hat, in dem er unter anderem auf Dr. Karl sowie auf Frau Bengt trifft, macht die Sache nicht einfacher. Denn wen soll er zuerst begrüßen? Dr. Karl, weil der sein Vorgesetzter und der Ranghöchste im Raum ist? Oder Frau Bengt, weil sie eine Frau ist?

Tagelang wälzt Achtenmeyer die Frage, bis er schließlich entscheidet, sie als Rechercheauftrag an Frau Schnitzel weiterzugeben. Selbst dieses Delegieren – an sich ein durchaus üblicher Vorgang für eine Führungskraft – stürzt ihn kurzzeitig in Unsicherheit: Sicher, Frau Schnitzel ist seine Sekretärin, aber ist nicht das Erteilen von Aufträgen auch Teil des Patriarchats, das überwunden werden muss?

Immerhin gelingt es ihm, diese Bedenken herunterzupriorisieren, und so wartet Frau Schnitzel tags darauf mit einer beeindruckenden Perlenkette bunter Trouvaillen aus dem Reich von Sitte und Anstand auf. Etwa die Tatsache, dass zwar Restauranttische oder Ablagen im Badezimmer stets »halbe-halbe« geteilt werden, diese Regel jedoch aus verständlichen Gründen nicht zur Anwendung kommt bei Sitzlehnen im Theater und im Flugzeug. Oder die Frage, wie man den etwas strengen Körpergeruch eines Kollegen anspricht, wozu der Allgemeine Deutsche Tanzlehrerverband die Empfehlung bereithält, ein solches Gespräch müsse von einer Person gleichen Geschlechts sowie gleicher Hierarchiestufe geführt werden.

Als sich Frau Schnitzel schließlich in den Niederungen angemessener Weihnachtsgrüße zu verlieren droht (»Entscheiden Sie sich im Zweifelsfall für den traditionellen Postweg«), vergisst Achtenmeyer dann doch für einen Augenblick seine Galanterie und fragt brüsk: »Jaja, gut und schön, aber was ist denn jetzt mit der Begrüßung?«

Mit einem Blick, der Achtenmeyer fatal an die Dame im Taxi erinnert, kramt Frau Schnitzel in ihren Ausdrucken. Die Lösung ist dann eher banal: Bei Begrüßungen im Business-Kontext sind Geschlecht und Alter zweitrangig, es zählt nur die berufliche Position der Anwesenden. Heißt: Immer zuerst den Chef begrüßen, anschließend Senioren und das weibliche Geschlecht. »Anders ist das bei gesellschaftlichen Anlässen«, fährt Frau Schnitzel fort, die ganz offensichtlich ein neues Steckenpferd gefunden hat. »Hier werden Damen vor Herren, Ältere vor Jüngeren und dann erst Ranghöhere vor Rangniedrigeren begrüßt.«

Doch Achtenmeyer verliert schlagartig das Interesse, sobald ein Problem gelöst ist. Statt zuzuhören, checkt er lieber rasch seine E-Mails. Eine ist von Dr. Karl und geht an alle Abteilungen, was immer ein schlechtes Zeichen ist. Und tatsächlich: Im dürren Verlautbarungs-*style* verkündet Dr. Karl die Beförderung von Frau Bengt zur Controlling-Chefin Europe, Middle East Africa.

Verärgert klappt Achtenmeyer sein Notebook zu, wobei ihm selbst nicht ganz klar ist, was ihn mehr aufregt: die Beförderung einer Konkurrentin oder die Tatsache, dass sein Ausflug in die Welt der Etikette vertane Zeit war. Denn in ihrer neuen Position steht Frau Bengt jetzt auf einer Stufe mit Dr. Karl, wird aber als Frau zuerst begrüßt. Das hätte Achtenmeyer nun wirklich auch selbst gewusst.

Lessons learned

Lob der Helikopter-Perspektive: Einen guten Manager zeichnet der Blick fürs Wesentliche aus. Nur wer Wichtiges von Unwichtigem trennen und Aufgaben sinnvoll priorisieren kann, ist in der Lage, richtige Entscheidungen zu treffen. Achtenmeyers intensive Beschäftigung mit Gruß-Formalitäten ist schlechtes Micro-Management. Seine Konkurrentin dagegen hat offenbar zielstrebig an ihrer Beförderung gearbeitet.

Frauen-Power: Eine wachsende Zahl männlicher Führungskräfte lässt sich vor wichtigen Gesprächen bewusst von einer Frau coachen. Zahlreiche Studien zeigen, dass Frauen zwar schlechter als Männer verhandeln, wenn es um sie selbst geht. Aber ungleich besser, wenn sie es für jemand anderen tun. Das gilt natürlich auch, wenn Frauen Frauen coachen.

Kenne deinen Gegner: Sun Tzu, der große chinesische Stratege, sagte: »Kenne deinen Feind und kenne dich selbst, und in hundert Schlachten wirst du nie in Gefahr geraten.« Was vor Hunderten von Jahren im kriegerischen China galt, kann auch bei Machtkämpfen im Konzern nicht schaden.

Wer bin ich? »Kenne dich selbst«, sagt Sun Tzu ebenfalls, was im Zweifel noch wichtiger ist als das Wissen über den Feind. Nur wer die eigenen Stärken kennt, kann sie ausnutzen. Und wer seine Schwächen kennt, kann versuchen, sie zu umgehen. Konzentration auf das Wesentliche: Langwierige Ausführungen, Rechtfertigungen und Erklärungen gehören nicht ins Management, wo Entscheidungsfreude und Zupacken gefragt sind. »Never explain, never complain«, lautet das Motto von Queen Mum – und diese Dame ist als Vorbild unübertroffen.

Die Macht des Mentors: Auf unbekanntem Terrain ist ein starker Verbündeter wichtig, der einen mit den Gepflogenheiten, den politischen Spielchen und den inoffiziellen Hierarchien bekannt macht. Der Mentor sollte im Unternehmensgefüge nicht zu weit oben stehen (sonst sieht es nach Schleimerei aus), aber auch nicht zu weit unten (sonst ist er nutzlos).

ICH MACH EIN
JAHR SABBATICAL.
...FORMERLY
KNOWN AS
SITZENBLEIBEN.
LEOWALD

VI.

Die Tücken der Work-Life-Balance

Arbeitest du noch oder hast du schon Karriere gemacht?

Früher war die Sache einfach: Manager, das waren Menschen, die extrem viel arbeiteten und dabei extrem viel Geld verdienten, das sie aber gar nicht ausgeben konnten, weil sie so viel arbeiteten und schließlich auch extrem früh starben. Bevorzugt an Herzinfarkt. Irgendwann fiel jemandem auf, dass das ein kleines bisschen ungesund klingt, und die *Work-Life-Balance* hielt Einzug. Eigentlich ein Hohn in einer Zeit, die im Begriff stand, die Grenzen zwischen *work* und *life* einzuebnen, aber manchmal schlägt die Geschichte eben absurde Volten.

Mit dieser Absurdität haben Angestellte wie Achtenmeyer nun zu tun. Da fordern Bewerber im Vorstellungsgespräch keck flexible Arbeitszeiten, *sabbaticals* und anderes Teufelszeug. Da trumpfen einst biedere Flughäfen, deren Entspannungsangebot lange nur aus einem Sortiment einschlägiger Tageszeitungen bestand, mit Spa-Landschaften und Aromatherapien auf. Und, der absolute Höhepunkt: Achtenmeyer ist plötzlich selbst gezwungen, sich zu entspannen – was eine ziemlich stressige Angelegenheit sein kann.

Für ein paar Tage (okay, für ein paar Stunden ...) mal nicht auf den Blackberry zu starren ist ja schon schwierig genug. Das eigentliche Problem ist eher grundsätzlicher Natur: Wenn jetzt schon Top-Manager in Erholung machen, gilt die schöne Gleichung (viel Geld, früh tot) nicht mehr. »Wer viel arbeitet, soll wenigstens keinen Spaß haben«, findet Achtenmeyer. Wo bleibt sonst bitte die Gerechtigkeit?

Achtenmeyer würde das gerne mal mit seiner Abteilung besprechen. Die sind aber alle gerade im Urlaub.

Unbeliebt, aber irre entspannt

Wellness ist eine saubere Sache. Doch wie alles hat auch sie ein schmutziges Geheimnis: In Wahrheit ist Wellness Faulenzen mit gutem Gewissen.

Der Frühling ist da, und Achtenmeyer fühlt sich leicht wie ein Zitronenfalter. Muss an den rund 50 Litern Sauerstoff liegen, die er mittlerweile intus hat, auf einem Sessel in einem Flughafenterminal lümmelnd. »Oxygen Wellness Spa« soll die *mental alertness* maxi- und den *toxic build-up* minimieren, für wenige Dollar die Viertelstunde. Und gerade jetzt ist Achtenmeyer *desperately in need* nach etwas, das ihm das Gift vom Leib hält. Das Gift kommt in DIN A4, 0,6 Zentimeter dick, obendrauf steht »Employee Survey Marketing«. Schon vor einem Jahr verspürte Achtenmeyer ein unangenehmes Ziehen in der Magengegend, als Dr. Karl ihm diesen neuesten »flash of genius« präsentierte, wie er seine Einfälle völlig ironiefrei nennt. »Mitarbeiterbefragungen sind ein hervorragendes *sounding-board* für die Stimmung in der Firma«, sagte sein Vorgesetzter. Nun, Achtenmeyers ungute Gefühl hat ihn nicht getrogen. Das zentrale *learning* der Umfrage, von Dr. Karl ebenso zuvorkommend wie hintersinnig in Giftgrün gehighlighted: Achtenmeyer ist in seiner Abteilung so beliebt wie in der 9. Klasse, als er beim Auswählen der Volleyballteams immer als Letzter übrig blieb. Na ja, und Chantal, aber Chantal hatte sechs Dioptrien und zählte deshalb nicht.

Auf den Schock hin musste er sich erst mal etwas Gutes tun, und so wurde Achtenmeyer in den vergangenen Wochen zum *preferred customer* von Wellnesseinrichtungen an Flughäfen auf der ganzen Welt. Schwimmbad und Sauna in Australien, Massage mit Lavendel und Rosenholzöl in Heathrow, Maniküre und Pediküre in Sacramento. Ganz nebenbei hat er auf seinem *round-trip* durch das wohlriechende Spa-Universum auch das Geheimnis des Phänomens Wellness gelüftet: Fläzt er sich am Sonntag vier Stunden auf die Couch und liest Jerry Cotton, schimpft seine Frau ihn einen faulen Sack. Geht er dagegen fünf Stunden ins Wellnessbad, bleiben ihm abzüglich dreier Saunagänge und Duschen immer noch netto vier Jerry-Cotton-Stunden. Und die Gattin ist hellauf begeistert, wie diszipliniert er seinen Körper in Schuss hält.

So hat jede Sache, denkt Achtenmeyer, während er sich noch eine Dusche für 15 Dollar gönnt, ihren speziellen Hebel, mit dem man sie packen und umdrehen kann wie früher die CIA einen KGB-Agenten. In der Causa »Achtenmeyer vs. Mitarbeiter« heißt das, dass er die Ergebnisse einfach mal als *tentative* einordnet und eine neue Umfrage aufsetzt. Ganz offensichtlich hat sein *staff* ein Problem mit Autoritäten, weshalb es nun gilt, diesen Unmut elegant zu kanalisieren. *Let's face it*: Schließlich ist es doch Dr. Karl, der ebenso ungefragt wie unablässig betont, dass er die eigentliche Verantwortung trägt. Die Fragen müssen also nur so *designed* werden, dass dies auch jedem glasklar ist. Und schon ist Dr. Karl reif für die Sauerstoffbehandlung.

Angst vor der Pause

**Nur eine Sache ist für Führungskräfte schlimmer
als der permanente Stress:
Wenn der Stress einmal ausbleibt.**

Die *face-time* mit Dr. Karl ist bis 16 Uhr terminiert. Jetzt ist
es 15.48 Uhr, und Achtenmeyer hat alle offenen Punkte auf
seiner Liste abgehakt. »Prima, das war's«, sagt er und freut
sich darauf, den unverhofften Zeitgewinn in einen Caffé
Latte unten am Automaten zu investieren.

Sein Vorgesetzter hat aber anderes im Sinn. »Nicht so
hastig«, sagt Dr. Karl. »Wie sieht es denn mit unserer
Strategie ›Path 2020‹ aus?« Innerlich zuckt Achtenmeyer
fragend die Schultern, nach außen entgegnet er: »Alles im
Plan, alle Ampeln grün, das Projekt läuft.« Doch Dr. Karl
stellt eine belanglose Nachfrage, dann noch eine und noch
eine und noch eine, bis es schließlich 16 Uhr und er in zwei
Millisekunden durch die Tür verschwunden ist.

Achtenmeyer bleibt ratlos zurück. Üblicherweise ist er
immer derjenige, der noch in den letzten fünf Minuten zehn
Fragen an seinen Chef abfeuert. Und Dr. Karl ist derjenige,
der dann, schon halb im Mantel, mal eben über Millionen-
etats entscheiden muss, weil seine Zeit als Mitglied des *Senior
Managements* einfach viel zu knapp bemessen ist. Umso er-
staunlicher, findet Achtenmeyer, dass er die ungeplante
Pause, die ihm sein *direct report* bescherte, mit öden Routine-
fragen füllte.

Erstaunlich, sicher, doch bei näherer Betrachtung auch wieder nicht überraschend. Leben doch Führungskräfte der höheren *levels* zwar unter Dauerstress, gleichzeitig aber in dem angenehmen Bewusstsein, dass die Zeit, die sie ihren Mitarbeitern schenken, ein derart kostbares Gut ist, dass keiner freiwillig auch nur auf ein Minütchen davon verzichtet. Dieses Bewusstsein wiederum, fährt Achtenmeyer fort zu analysieren, speist sich vorrangig aus der Tatsache, dass ja tatsächlich ständig und überall jemand etwas von einem will. Versiegt dieser Strom der Frager, Bittsteller und Um-Entscheidungen-Bettelnder plötzlich und unerwartet, dann klafft dort eine Lücke, die selbstbewusstseinsseitig sehr unangenehm werden kann, auch wenn sie nur zehn Minuten dauert. Oder die, wie im Fall von Dr. Karl, für den allzeit gefragten Top-Manager derart unerhört und im Wortsinn unvorstellbar ist, dass er sie schlicht ignoriert.

Ein interessantes psychologisches Phänomen eigentlich, das einer tiefergehenden wissenschaftlichen Untersuchung würdig wäre, befindet Achtenmeyer. Leider ist er kein Wissenschaftler, sondern Mittelmanager. Und als solcher sind seine Ziele nicht von akademischen Interessen, sondern vom Aufstiegsgedanken geleitet.

Was in diesem Fall zweierlei zur Konsequenz hat: Erstens muss er für sich selbst (und für seine *peers*, die anderen Mitglieder des Mittleren Managements) eine Strategie für den Umgang mit den eigenen Mitarbeitern entwickeln. Schließlich ist nicht nur Dr. Karls Zeit eng begrenzt, sondern auch sein, Achtenmeyers, Tag gleicht einem penibel durchgetakteten Räderwerk, von dessen Präzision, Effizienz und Engmaschigkeit sich manch einer eine Scheibe abschneiden könnte, zum Beispiel die Deutsche Bahn. Zweitens muss Achtenmeyer dafür sorgen, dass sich auch sein Chef wohlfühlt, von dem seine eigene Karriere nicht unmaßgeblich abhängt.

Flugs macht sich Achtenmeyer daran, eine Liste mit *emergency measures* für den Fall eines plötzlich auftretenden Zeitüberschusses zu erstellen. Fein säuberlich unterteilt, je nachdem, ob jemand den Zeitüberschuss erhält (Manager-Perspektive) oder verursacht (Mitarbeiter-Perspektive). Kurz gesagt also: Wie man sich in toter Zeit beschäftigt, ohne unterbeschäftigt zu wirken. Und wie man seinem Vorgesetzten am besten niemals das Gefühl gibt, er werde gerade nicht gebraucht.

Nach einer halben Stunde steht die Liste, nun fehlt noch der Praxistest. Er schlendert auf den Flur, wo er Dr. Karl übellaunig brummeln hört. Sein Vorgesetzter steht vor der Kaffeemaschine und macht ein Gesicht wie die letzte Bilanz von Lehman Brothers. Heute ist nicht sein Tag, wahrscheinlich war noch ein Meeting vorzeitig vorbei, schlussfolgert Achtenmeyer, bevor er sagt: »Dr. Karl, das freut mich außerordentlich, dass Sie sich persönlich um das Problem mit dem kalkigen Kaffeewasser kümmern. Aufgrund der enormen Bedeutung des Automaten für die *Work-Life-Balance* unserer Talente ist es sicher das Beste, wenn sich jemand vom *Senior Management* der Sache annimmt.«

Dr. Karl schaut verdutzt, dann schleicht ein Lächeln über seine bis eben missmutigen Züge. Mit plötzlichem Schwung dreht er sich um, strafft die Schultern und eilt davon, ein Liedchen pfeifend. Achtenmeyer weiß genau, was sein Chef denkt: »Ich habe mir nicht einfach einen Latte gemacht. Sondern ein äußerst wichtiges Projekt auf die Schiene gesetzt. Und das, wo ich ohnehin so viel um die Ohren habe.« Wieder ein gutes Werk getan.

Mit Powerschläfchen gegen Mobbing

**In einer Krise gilt es, Ruhe zu bewahren.
Vor allem zwischen 12 und 16 Uhr.**

Ziemlich exakt zwischen dem dritten und fünften Stock durchzuckt es Achtenmeyer, dass er gemobbt wird. »Jaja, die Festtage haben durchaus so ihre *downsides*«, hatte er gesagt, seinen Bauchansatz getätschelt und Frau Ulrich von der Personalabteilung verschwörerisch zugezwinkert. »Muss auch wieder ein paar Pfunde runterkriegen.« Statt allerdings freundlich zu lächeln angesichts so viel kollegialer Solidarität, schnaubte Frau Ulrich nur verächtlich und stürzte aus dem Aufzug. Sie ist schwanger – und keiner hat es Achtenmeyer gesagt.

»Wenn der Informationsfluss stockt«, las er neulich, »ist das ein erstes Alarmsignal, dass Sie gemobbt werden.« Mittlerweile hat er so viele Signale empfangen, dass Achtenmeyer bequem einen kompletten Rangierbahnhof damit bestücken könnte: Bredel »vergisst« die Quartalszahlen im Kopierer. Statt nach Köln bucht Frau Schnitzel für ihn eine Reise nach Cuxhaven. Und Dr. Karl nickt ihm jetzt immer so freundlich zu. Ein untrügliches Zeichen, dass sein notorisch miesepetriger Vorgesetzter den *nice guy* spielt, weil er Mitleid mit Achtenmeyer hat, der neuen *lame duck*.

Sein Coach sagt, er dürfe jetzt nicht verkrampfen. Nun, wo er schon in Cuxhaven ist, macht Achtenmeyer deshalb erst mal ein Mittagsschläfchen. Ein power nap, *to be precise*.

So nennt sein Hotel das Angebot, zwischen 12 und 16 Uhr ein Zimmer zum halben Preis zu mieten, für die schnelle Dusche oder einen erquickenden Kurzschlaf vorm nächsten Business-Date. Wie geschaffen für *early bird* Achtenmeyer, der 24/7 *leadership* zeigen, Termine *schedulen* und Kollegen *outperformen* muss. Immer *alert*, *always on*. Das aber kann nur, wer auch mal runterschaltet, ein bisschen *hang-loose* vorm nächsten *move* einschiebt. Ohne power napping keine *alertness*, denkt er, während draußen auf dem Flur leise die Gummisohlen der Vertriebler quietschen. Erheblich erleichtert wird die Siesta durch den Umstand, dass den Service vor allem Hotels in ausgewiesenen *off-sites* wie Alzey, Gotha oder Cuxhaven anzubieten scheinen, wo den Ruhebedürftigen nur geringe Dosen des Stoffs ablenken, den man gemeinhin »das pralle Leben« nennt.

Indes hilft der Powerschlaf Achtenmeyer nicht nur, bis in die späten Abendstunden auf dem Quivive zu sein. Als gewiefter Taktiker erkannte er sofort die *opportunity*, damit auch seine Stellung im internen Grabenkrieg zu optimieren. Schließlich wird die wohltuende Erfahrung eines Nickerchens noch gesteigert, wenn man sie gemeinsam mit anderen macht, beispielsweise mit Frau Klaas aus dem Key-Account. Immerhin wäre er dann in puncto Schwangerschaften stets *up to date*, zumindest was Frau Klaas selbst betrifft. Zu schade, dass sein Hotel bezüglich dieser Produkterweiterung recht negative *sentiments* zeigt. Dem »Image eines Stundenhotels« wolle man »von Anfang an vorbeugen«, heißt es spitz.

Im Wein liegt die Wahrheit

Nachhaltigkeit ist eine wunderbare Sache.
Macht aber erschreckend viel Arbeit.

Stoisch krabbelt der Raupentraktor über trockene mittel-italienische Erdbrocken, und Achtenmeyer stellt fest, dass er die Maschine um ihre dumpfe Unbeirrbarkeit beneidet. »Mein lieber Achtenmeyer, Ihr *track record* ist ja so weit on *track*, haha«, hatte Dr. Karl zu ihm gesagt, »aber jetzt mal *joking aside*: Hier ein *launch*, da ein *price-special*, mir fehlt da die *continuity*.« Schmal sei der Grat zwischen Flexibilität und Flatterhaftigkeit, fuhr Dr. Karl fort; Konstanz müsse her, mehr Bodenhaftung, auch im Privaten, denn *sustainability* sei ganzheitlich.

»Kauf doch einen Weinberg, da hast du Bodenhaftung en masse. Dr. Lugner von Worldconsultants hat auch einen, und der ist immerhin Vorstand«, sagte seine Frau, die Achtenmeyer schon länger im Verdacht hat, Dr. Karls fünfte Kolonne zu sein. Warum sich alle unbedingt Weinberge kaufen müssen anstatt, *let's say*, eine kleine urige Brauerei im Fränkischen, ist ihm zwar schleierhaft. Aber *when in Rome, do as the Romans do*, und so steht Achtenmeyer jetzt in Montecatini, irgendwo auf neuneinhalb Hektar Pinot Nero und Sangiovese. Beste Südhanglage, Solarstrom, Wohnge-bäude aus unverputztem Naturstein. *Small step for mankind, big step for Achtenmeyer*.

Einfach war das Ganze nicht. Bereits das *project planning*

hatte in ihm erhebliche Zweifel geweckt, ob der Weg zum nachhaltigen und schlichten Landleben wirklich über den eigenen Weinberg führt. »Irgendwo ein kleines Weingut zu besitzen ist nichts Besonderes«, musste er sich etwa in einem einschlägigen Blog schroff belehren lassen. Vielmehr müssen Domänen, Rebsorten, Tradition und Geschichte bedacht werden. Eine Wissenschaft für sich, und eine *executive summary* konnte Achtenmeyer im Netz nicht entdecken. Die Weingüter selbst zu finden, von ihm als größte *challenge* prognostiziert, erwies sich dagegen kaum als *rocket science*. Auf zahllosen Websites lag ihm die Welt des Weins zu Füßen: Languedoc, Pomerol, Piemont – *please make your choice*.

Jedoch: Hier in den sonnigen Hügeln der Toskana wird aus den bunten Pixeln plötzlich ein mühseliges Geschäft: Bodenkalkgehalt, Maischebehandlung, Barrique-Ausbau, Frostschäden – das alles klingt nach erschreckend händischer Arbeit. Etwas zu sehr *down to earth* für Achtenmeyers Geschmack. Wer hätte gedacht, dass Nachhaltigkeit so anstrengend sein kann? Zum Glück gibt es eine *Fall-back*-Lösung: »Vino«, ein Brettspiel aus den späten 90ern, hat er bei eBay gefunden. Weinberge kaufen, Wein verkaufen, Latifundien anhäufen, *market leader* werden. Ein Strategiespiel, das ist seine Welt: Immerhin ist die Strategie die kleine genialische Schwester der stets ernsten Nachhaltigkeit. Ganz so wie auch Achtenmeyer sich als *troubleshooter* versteht, nicht als betulicher Winzer. Wofür hat er schließlich ein BWL-Diplom. Soll sich doch Dr. Karl mit Grünfäule, Blattgallmilben und Rebläusen herumschlagen.

Lebe meinen Traum!

**Bisweilen ist das Dasein trostlose Routine.
Es sei denn, man bringt andere dazu,
ihren Alltag ein bisschen aufzupeppen.**

»Also dann, viel Erfolg und nicht vergessen: Vor allem in die Ecken schauen!« Achtenmeyer gibt dem jungen Bedermann noch einen kräftigen Klaps auf die Schulter, bevor er ihn sanft aus dem Büro schiebt, damit der junge Vertriebler seine einwöchige *Store-checking*-Tour durch Südeuropa antreten kann. Es ist doch immer wieder ein gutes Gefühl, die Truppen in die Schlacht zu schicken. Das dringende Bedürfnis, Bedermann von seinen großartigen *store checks* damals in den späten Achtzigern zu erzählen, hat Achtenmeyer allerdings unterdrückt. Stattdessen summt er die Melodie aus »Apocalypse Now« und genießt den Augenblick allein.

Ach, noch einmal jung sein, noch einmal durch die Welt reisen und in den Supermärkten dieser Erde die korrekte Platzierung seiner Produkte in Augenschein nehmen. Geistreiche Gespräche an der Hotelbar, elegante Flughafenlobbys und die Angst in den Augen der Supermarktangestellten, wenn er seinen Montblanc-Kuli zückte. Nun, Bedermann wird ihm alles ausführlichst erzählen müssen, und so ist er dann ja in gewisser Weise auch dabei gewesen.

Plötzlich merkt Achtenmeyer, wie er gerade Opfer eines neuen Phänomens geworden ist. Vor einigen Monaten hat er es entdeckt und ihm den Namen »Lebe meinen Traum«-

Haltung gegeben. Zum ersten Mal bemerkte er das Verhalten in Gesprächen mit Kollegen und Freunden, die Kinder haben. Statt wilder Partys, schicker Sport-Cabrios und einem schier endlosen Reigen unverbindlicher Affären besteht ihr Leben nun vorrangig aus Windeln wechseln und Fläschchen warm machen. Wann immer er jedoch eine Lifestyle-Entscheidung zu treffen hatte, legten seine Väter-Freunde eine Extravaganz an den Tag, welche sogar die Vorstellungen des kinderlosen Achtenmeyer locker in den Schatten stellte.

Als es um sein nächstes Auto ging, hatte Achtenmeyer eigentlich einen Audi TT im Auge, doch ein besonders hartnäckiger Kollege wollte ihn partout zu einem 911er überreden, ein anderer wurde nicht müde, die Vorzüge eines Bentley Cabrio zu preisen: »Du kannst so was doch machen«, sagten sie melancholisch, »ich als Vater hab nur die Wahl zwischen Van und Kombi.«

Als die Anschaffung eines Fernsehers ins Haus stand, überboten sich die Freunde mit Bildschirmdiagonalen, Tiefenschärfe und Internetfähigkeit. Nicht ohne in diesem speziellen Ton, der haarscharf zwischen Neid, Sehnsucht und Melancholie navigierte, hinzuzufügen: »Weißt du, seit Leon/Paul/Max da ist, kommen wir ja kaum noch zum Fernsehschauen.«

Irgendwann war Achtenmeyer klar, was da lief: Weil ihre Sehnsüchte für sie selbst unerreichbar geworden waren, übertrugen seine Freunde sie auf ihn. Früher hieß es »Träume nicht dein Leben – lebe deinen Traum!« Daraus ist geworden: »Lebe du MEINEN Traum!« Denn so hab ich wenigstens ein bisschen was davon, sollte wohl hinzugefügt werden. Es ist genau wie bei Achtenmeyers Kommilitone Manfred. Wenn Manfred in den Semesterferien zu Hause war, stellte sein Vater irgendwann spätabends eine Flasche Korn auf den Tisch und sagte: »So, mein Junge, dann erzähl mal, wie das so läuft bei dir mit der Liebe.« Für Papa war das wilde Studentenleben tiefste Vergangenheit – aber in den Erzählungen seines Sohnes Manfred konnte er es noch einmal miterleben.

Daran, schließt Achtenmeyer seine Gedanken ab, ist natürlich nichts Verwerfliches. Im Gegenteil: Das Phänomen lässt sich geschickt nutzen, wenn man die Stellvertreter auf die richtige Spur bringt. Am besten schreibt er Bedermann jetzt gleich eine Mail, in der er ihn sanft, aber nachdrücklich auf die wichtigsten Locations und Rituale hinweist.

Doch kaum hat Achtenmeyer das leere Mail-Formular geöffnet, klingelt sein Telefon. Dr. Karl möchte ihn dringend sehen. »Sie wissen ja, wie ich Repräsentieren hasse«, eröffnet sein Vorgesetzter ohne Umschweife den Monolog. »Besonders im Golf-Club, zwischen lauter Zahnärzten und Autohändlern. Sie müssen da für mich hingehen und meinen Vortrag halten. Keine Angst, ist schon geschrieben. Und sagen Sie denen, ich hab eine schreckliche Grippe, ja?«

Natürlich hat Dr. Karl keine Grippe. Und natürlich wird er in der Zeit, in der Achtenmeyer über »Consumer-Trends 2020« referiert, Golf spielen. Nur eben auf einem anderen Golfplatz. Denn wie immer ist Dr. Karl in puncto Trends schon wieder einen Schritt weiter. Sein Motto lautet »Lebe du meinen Alptraum!«

Aromatherapie mit den Bisnessmeni

Echte Entspannung muss oft hart erarbeitet werden. Irritierenderweise ist ein Smartphone dabei bisweilen hilfreicher als ein bequemes Kissen.

Bei Recruiting-Gesprächen hört Achtenmeyer in letzter Zeit Bedrohliches. »Wie sieht es denn aus mit der *Work-Life-Balance*?«, fragen ihn verwöhnte Schnösel und zupfen am Ärmel ihrer Pferdchenhemden, während sie weiter von Familie, *quality time* und, man fasst es nicht, »geregelten Arbeitszeiten« fabulieren. Am Anfang brach Achtenmeyer ansatzlos in dröhnendes Gelächter aus, woraufhin ihn Dr. Karl mit dem missbilligenden Blick eines Archäologen bedachte, der auf einen Dino-Knochen hoffte, aber nur langweiligen versteinerten Farn gefunden hat.

Weil Achtenmeyer durchaus empfänglich ist für subtile Signale und darüber hinaus sogar seine Frau bemerkt hat, er wirke in letzter Zeit ein wenig angespannt, checkt er bei der nächsten Dienstreise in einem ganz besonderen Hotel ein. Die Herberge hat zusammen mit Schlafforschern ein spezielles Programm für Vielbeschäftigte entwickelt, weil doch »Ruhe und Erholung so notwendig für die Leistungsfähigkeit jedes Einzelnen sind«. Dazu gehören laut Hotel weiche Bettwäsche, komfortable Kopfkissen und herrlich bequeme Matratzenauflagen.

Eigentlich war Achtenmeyer der Ansicht, derlei zivilisatorische Errungenschaften seien in einem ordentlichen Hotel selbstverständlich, aber sei's drum, schließlich ist er selbst im Marketingfach und weiß wie's läuft. Weiter beinhaltet das Programm eine ausgewiesene Ruhezone für Geschäftsreisende, fernab von Aufzügen und Eismaschinen und ohne *housekeeping* in den Nachtstunden. Dazu eine Aromatherapie, sowie, als besonderen Clou, einen Anruf der Rezeption um 19 Uhr, der die Gäste ermahnt, Blackberry und Laptop ab- und den Sportkanal einzuschalten. Wegen der Entspannung.

Zwar muss Achtenmeyer ein paar Minuten suchen, bis er den Off-Knopf am Blackberry gefunden hat, aber dann: Entspannung. Diese Ruhe, dieses Runterkommen. Fünf Minuten schafft er, dann bricht ihm vor Nervosität der Schweiß aus. Vielleicht hilft die Aromatherapie. Achtenmeyer greift zum ätherischen Öl »Deep Calm«, doch seine Hände zittern und er gießt sich versehentlich die halbe Flasche aufs Gesicht. Jetzt riecht er zehn Kilometer gegen den Wind wie ein aus den Fugen geratenes Duftbäumchen, und vom süßlichen Geruch wird ihm übel. Ermattet fällt er auf die bequeme Matratzenauflage und dämmert ein.

Um zwei schreckt er aus unruhigem Schlummer, weil die russischen *bisnessmeni* links nebenan von ihrer Sauftour zurück sind und rumpelnd und grölend durch die ausschließlich für Geschäftsreisende reservierte Ruhezone trampeln. Um vier scheint endlich die letzte Wodkaflasche geleert, und Achtenmeyer sind weitere dreißig Minuten Schlaf vergönnt, bevor sich sein Nachbar rechts nebenan rasiert, weil der Streber den Flieger um sechs kriegen muss. Den *Wakeup-Call*, den das Hotel garantiert, braucht er jetzt nicht mehr. Noch im Bett startet er den Blackberry, checkt 68 Mails und fühlt sich zum ersten Mal seit fast zehn Stunden so richtig entspannt.

Hilfe, die Diven kommen:

Wie die Generation Y die Arbeitswelt verändert

Vielleicht wird das Jobuniversum von heute, so unterhaltsam es ist mit seinen Kaffeepausen, Machtspielchen und Diddl-Mäusen an der Schreibtischlampe, vielleicht wird dieser Kosmos bald nicht mehr existieren. Schuld daran könnte die »Generation Y« sein. Ihre Vertreter, geboren in den 80ern und 90ern, haben die Uni beendet und strömen seit einigen Jahren als Absolventen in die Unternehmen. Dort werden sie, glaubt man den Experten, keinen Stein auf dem anderen lassen. Und Führungskräfte wie Achtenmeyer reiben sich verwundert die Augen.

Denn die »Ypsiloner«, sagt stellvertretend für viele Anders Parment von der Stockholm University Business School, sind die »anspruchsvollste und selbstbewussteste Generation seit langem«. Sie wissen, dass sie im Bunde stehen mit einer Kraft, die mächtiger ist als alles andere: die Demographie. Bis 2060 wird die Zahl der Erwerbstätigen in Deutschland von 50 Millionen im Jahr 2008 auf dann rund 33 Millionen sinken. Die Knappheit kehrt die Machtverhältnisse auf dem Arbeitsmarkt um: Aus Bewerbern werden Umworbene, die penibel aussuchen, welcher Firma sie ihr kostbares Talent zur Verfügung stellen.

So präsentiert sich die »Generation Y« wählerisch wie eine Diva beim Dorftanztee. Von den Unternehmen erwartet sie spannende Projekte, gute Gehälter, schnelle Aufstiegswege –

und gleichzeitig nicht allzu viel Anstrengung, Stress und Verantwortung, sondern eine ausgewogene Work-Life-Balance und genug Zeit für Familie, Freunde und Facebook.

Die Ypsiloner sind

- global orientiert und oft auch international erfahren.
- über iPhone, Twitter und Facebook bestens vernetzt und die erste Generation, die das Internet quasi mit der Muttermilch aufgesogen hat.
- technisch äußerst versiert, bestens ausgebildet und kommunikativ.
- Sinnsucher. Sie wollen nicht nur gute Jobs, sondern ebenso Bestätigung und nachaltige Ergebnisse.
- auf der Suche nach offeneren, flexibleren Netzwerkformen statt der alten Präsenz- und Hierarchiekultur.
- die erste Generation, die eher an UFOs glaubt als an staatliche Rente oder an Jobs, die man sein Leben lang macht. Bei aller Liebe zum Guten, Wahren und Schönen erwarten sie deshalb eine angemessene Bezahlung.

So trifft eine Alterskohorte, die sich den Spaß nicht verderben lassen will, auf Unternehmen, die auf diese Generation demographiebedingt angewiesen sind, aber oft noch recht ratlos vor deren Wünschen nach Wohlfühlatmosphäre, flachen Hierarchien und Gute-Laune-Büros stehen.

Was sollte beispielsweise der Geschäftsführer einer großen Buchhandelskette tun, der einem Ypsiloner die Leitung einer Filiale antrug und dachte, der freue sich ein Loch in den Bauch? Stattdessen erbat sich der junge Mann Bedenkzeit und sagte dann, er wolle lieber nur stellvertretender Filialleiter werden. Und ob man die Stellvertreter-Position eventuell auf drei Leute verteilen könne? Ganz alleine sei ihm das dann doch etwas viel an Verantwortung und Stress.

Kommunikativ, schlau und kritisch ist die »Generation Y«, doch die Frage ist, ob das reicht in einem Wirtschaftsalltag, der nun doch ein wenig von Konkurrenz, Leistungsdenken und, nun ja, der ein oder anderen unangenehmen Entscheidung geprägt ist. Sicher ist: Keine Generation vor ihr hatte derart konkrete Vorstellungen, was innerhalb der Bürowelt anders laufen sollte, oder derart viel Macht, um diese Änderungen zu bewirken. In den Unternehmen läuft jetzt ein gigantisches Experiment an: Werden die Ypsiloner die Arbeit ändern? Oder doch die Arbeit die Ypsiloner?

Wer viel verdient,
soll wenigstens keinen Spaß haben

**Top-Gehälter in Top-Jobs sind nicht zuletzt
Schmerzensgeld für ein ungemütliches Leben.
Aber wenn jetzt schon Bewerber von Work-Life-
Balance reden – wo bleibt da die Gerechtigkeit?**

Achtenmeyer mag Recruiting. Wann immer ein Personaler
per Rundmail und in devotem Ton anfragt, ob sich möglicherweise einer der geschätzten Herren Line-Manager dazu
herablassen könnte, eventuell bei dem ein oder anderen
Bewerbungsgespräch dabei zu sein, sagt er zu.

Nicht nur, weil das Verständnis der jungen Zielgruppe
key factor für sein Produktmarketing ist. Nein, er mag diese
Aura der Hoffnung, diese Mein-Leben-liegt-noch-vor-
mir-Atmosphäre, wenn die Absolventen mit Krawatte und
blitzenden Schuhen den Raum betreten. Zu schade, dass es
damit erst mal vorbei ist, wie ihm der Personaler mitteilte –
plötzlich gar nicht mehr devot und auch nicht per Rundmail, sondern mit hochrotem Kopf.

Mag ja sein, dass das schrille Lachen, gefolgt von einer
vierminütigen Tirade gegen die verweichlichte Jugend (der
Personaler hatte doch tatsächlich die Zeit gestoppt) ein wenig *over the top* war. Aber, das fragt sich Achtenmeyer nun
schon seit drei Tagen, wie soll man auch reagieren, wenn ein
Jüngling mit Justin-Bieber-Frisur als Erstes wissen will, wie
es denn in der *company* um die *Work-Life-Balance* bestellt sei?

Bewerber Bubner sprach: Natürlich sei er bereit zu arbeiten, notfalls auch viel und hart, aber es müsse ausreichend Zeit bleiben für Familie, Freunde, Facebook und Twitter. Da er mit seinem Notendurchschnitt mehrere Jobangebote habe, lege er darauf eben besonderen Wert. Angesichts dessen findet Achtenmeyer seine Reaktion im Rückblick eher noch gemäßigt, da kann der Personalheini noch so viel von *war for talents* und Generation Y fabulieren.

In Wahrheit hatte Bewerber Bubner das Pech, dass Achtenmeyer seit kurzem strikt gegen *Work-Life-Balance* ist. Genauer gesagt, seit dem Abend vor dem Bewerbungsgespräch, an dem Achtenmeyer seinen alten Freund Feigl wiedertraf. Feigl und er hatten gemeinsam studiert, wobei Achtenmeyer als lebenslustiger Hallodri galt (und im Marketing landete), Feigl dagegen als disziplinierter, doch spröder Streber (und bei einer Top-Tier-Unternehmensberatung anheuerte). Die Bilanz des Abends: drei geleerte Flaschen eines wirklich sehr guten Crianza, viele aufgewärmte alte Geschichten und ein zerstörter Glaubenssatz Achtenmeyers.

Dieser Glaubenssatz ging so: Sicher, Feigl (und all die anderen Streber) verdienen das Doppelte und Dreifache seines Gehalts – aber was haben sie schon vom Leben außer Arbeit? Wenn sich Achtenmeyer die Tage und Terminpläne der *topperformer* in seinem Bekanntenkreis ansah und ihre Geschichten anhörte, dann waltete darin, so schien es ihm, eine höhere Gerechtigkeit: Wer viel Geld verdient, soll wenigstens keinen Spaß haben. Dagegen verfügt er, Achtenmeyer, zwar über ein ordentliches, doch keineswegs übertriebenes Gehalt, hat aber auch noch Zeit für Frau, Kinder und Hobbys.

Okay, er hat keine Kinder, Hobbys findet er öde, und die Gespräche mit seiner Frau dauern selten länger als zweieinhalb Minuten (ja, auch Achtenmeyer stoppt ab und an gern die Zeit). Aber darum geht es auch nicht. Es geht um die höhere Gerechtigkeit.

Und genau die brachte Feigl am bewussten Abend ins Wanken, als er vom Work-Life-Balance-Programm seiner Beratung berichtete. Sabbaticals, Zeitkonten, Flex-Time, Home-Office, Spa-Behandlungen – schon nach wenigen Minuten dröhnte Achtenmeyer der Kopf vor Bitterkeit. Wo sollte das hinführen, wenn sich jetzt schon Consultants und Wirtschaftsanwälte um das Wohlergehen ihrer Angestellten sorgen? Dann hätten Feigl und Co. demnächst alles: ein prall gefülltes Konto PLUS ein schönes Leben. Was bliebe dann noch für ihn übrig?

Seither also ist er strikt gegen Work-Life-Balance. Obwohl ihm natürlich bewusst ist, dass Feigl ja nicht mehr arbeiten muss, nur weil Achtenmeyer gegen Erholung ins Feld zieht. Aber Rationalität wird ohnehin überschätzt, es ist eben eine Sache höherer Gerechtigkeit.

Leider ist eines noch mächtiger als die Gerechtigkeit – der Markt. In diesem Fall der Bewerbermarkt mit seinen hinterhältigen Zwillingsalliierten, dem demographischen Wandel und dem Fachkräftemangel. Dass dem Trio zudem ein gewisser Sinn für Ironie nicht abgeht, muss Achtenmeyer einige Tage später lernen.

Wieder sitzt er mit Feigl zusammen, der jetzt abends »öfter mal früher Schluss macht«, wieder gibt es Crianza, und Feigl erzählt von diesem wirklich äußerst vielversprechenden jungen Talent, das seine Firma gerade angeheuert hat. Top-Noten, souveräner Auftritt, schnell im Kopf. »Und weißt du, womit wir ihn überzeugt haben?«, fragt Feigl triumphierend. »Mit unserem Work-Life-Balance-Konzept! Hat ihn mächtig beeindruckt, diesen Bubner.«

Achtenmeyer nickt müde. Und nimmt sich vor, den Personaler am nächsten Tag um Entschuldigung zu bitten. Sowie um ein Konzept für flexible Arbeitszeiten. Er selbst will mit gutem Beispiel vorangehen und eine Auszeit nehmen. Irgendwie fühlt er sich reif für ein Sabbatical.

Lessons learned

Ziemlich beste Kollegen: Unternehmen stellen Mitarbeiter ein, keine Freunde fürs Leben. Ob man als (künftiger) Vorgesetzter mit den Lebensprinzipien eines Bewerbers übereinstimmt oder nicht, sollte höchstens eine geringe Rolle spielen. Entscheidend ist die Qualifikation, die Passung zur Firmenkultur und der allgemeine Auftritt. Klar: Das vielzitierte Bier sollte man mit künftigen Kollegen schon trinken können. Mehr ist aber nicht nötig.

Sic transit gloria mundi: Ja, die Zeiten ändern sich, und ja, es gab auch schon mal weniger stressige Epochen für Manager. Nachtrauern ist aber keine Option. Weltschmerz und Melancholie stehen einer Führungskraft kaum gut zu Gesicht.

Geld ist nicht alles: Das stimmt sogar – und wird gerade Jüngeren stärker bewusst. Auch wenn es so manchem Vertreter vorangehender Generationen nicht schmeckt: Die aktuell in die Unternehmen drängende Generation Y setzt zum Teil andere Prioritäten in Job und Privatleben. Und ja, sie ist in der Position, das auch von den Firmen einzufordern. Sonst geht sie eben woanders hin.

Träume leben: Eine Vorstellung zu entwickeln von den eigenen Berufs- und Karrierezielen gehört zu den schwierigsten Aufgaben überhaupt im Job. Umso wichtiger ist ein regelmäßiger Abgleich mit den eigenen Wünschen – und nicht nur mit den Vorstellungen von Vorgesetzten, Kollegen und Bekannten.

Bumerang-Effekt: Chefs lieben es, lästige Aufgaben nach unten abzugeben. Das ist ihr gutes Recht, und viele Mitarbeiter fühlen sich geschmeichelt, gewissermaßen als Stellvertreter des Chefs zu handeln. Doch Vorsicht: Nicht immer lässt sich damit das eigene Profil schärfen – manchmal sind die Aufgaben tatsächlich nur lästig. Die Zeit, die der Mitarbeiter dafür braucht, fehlt ihm für eigene Projekte, mit denen er besser auf sich aufmerksam machen könnte.

VII.

Technik, die entgeistert

Das ist doch keine *rocket science*!

Unternehmen brauchen technischen Fortschritt, denn ohne ihn gibt es keine Innovation und keine neuen Produkte. Auch auf die Jobs selbst, auf die Art und Weise, wie wir arbeiten, hat die Technik einen enormen Einfluss. Und jeder, der schon mal versucht hat, den neuen Fernseher »eben noch schnell« in Betrieb zu nehmen oder auch nur eins der Abermillionen Software-Updates herunterzuladen, mit denen wir tagtäglich bombardiert werden, der weiß: Technik macht Spaß, ist aber auch ziemlich anstrengend.

Der inzwischen sprichwörtliche Manager-Spruch – »Das ist doch keine *rocket science*« – verleitet dabei allzu oft zu einer gefährlichen Lässigkeit in der Nutzbarmachung technischer Neuerungen. Klar, dass Achtenmeyer an vorderster Front wirkt, wenn es darum geht, sich mit den neuesten Gimmicks zu blamieren. Als *first mover*, wie er sich mental begreift, ist er allem Neuen gegenüber theoretisch äußerst aufgeschlossen. Kommt es dann zum Praxistest, muss er leider feststellen, dass er doch analoger denkt als gedacht.

Anlässlich eines geplatzten Karriere-Sprungs lernt er schmerzhaft, dass sich das Internet negative Details zu seiner Person sogar noch besser merken kann als seine Frau. Oder wie die sozialen Netzwerke zwar gerade im Marketing zur ungeahnt mächtigen Waffe avancieren, aber durchaus auch ihre *downsides* haben. Und dass *augmented reality* ein schickes neues Spielzeug ist, mit dem sich Vorlieben der Mitarbeiter hervorragend erfassen lassen – wobei Achtenmeyer leider das kleine Detail übersieht, dass er natürlich auch zu den Mitarbeitern zählt.

Der Chef der Zukunft

Blumen zum Geburtstag, goldene Uhr zum Jubiläum: Die Motivation der Mitarbeiter zählt zu den vornehmsten Aufgaben eines Vorgesetzten. Neue Technik eröffnet dabei fantastische Möglichkeiten.

In letzter Zeit hat Achtenmeyer ein verstärktes Interesse am Thema Führung entwickelt. Er hat Bücher gelesen, deren Untertitel vollgestopft waren mit Begriffen wie *talent management* und *employer branding*. Er hat Trainings besucht (»Dein Mitarbeiter, das unbekannte Wesen«). Und er hat Zeitschriftenartikel verschlungen, in denen Zitate wie dieses gefettet hervorgehoben waren: »People join companies, but they leave managers.« All das, weil Dr. Karl ihm gesagt hatte, dass Menschen das wichtigste Kapital des Unternehmens seien (»Jetzt aber wirklich, die Sache ist auf CEO-level«) und dass es vornehmste Pflicht jeder Führungskraft sei, die eigenen Mitarbeiter, ihre Wünsche, Motivationen und Sorgen zu kennen.

»Wissen Sie etwa, was Hubvogel aus Ihrer Abteilung am Wochenende treibt?«, fragte Dr. Karl rhetorisch. »Wissen Sie, wovon er träumt? Wofür er brennt?« Dr. Karl liebt es, rhetorische Fragen aneinanderzureihen, weil er findet, dass die *punch-line* am Ende dann noch mehr Wumm hat: »Das sollten Sie aber wissen. Sonst verlieren wir irgendwann einen guten Mann, weil Hubvogel sich nicht von Ihnen wertgeschätzt fühlt.«

Achtenmeyer wollte entgegnen, dass Dr. Karl ja ebenfalls nicht wisse, was er, Achtenmeyer, am Wochenende treibt (Städtereisen und Bob Dylan hören). Und dass in seiner Abteilung auch kein Hubvogel arbeitet. Aber sein Vorgesetzter hatte sich – das ist schließlich der taktische Sinn rhetorischer Fragen – bereits wieder seinem Notebook zugewandt.

Jetzt, viele Wochen, Texte und Trainings später, kann Achtenmeyer gewisse resignative Tendenzen in seiner Gemütslage nicht verleugnen. Sicher, er hat einige *No-Brainer* wieder aufgefrischt (»Mehr Geld ist nicht gleich mehr Motivation«), doch dem Rätsel Mitarbeiter ist er dadurch nicht nähergekommen. Alles blieb irgendwie vage, schwer fassbar, wie eine Glaskugel aus Rauchquarz.

Da fällt ihm beim Durchblättern einer Zeitschrift ein Text über das nächste große IT-Ding auf: »Augmented Reality«. In dieser erweiterten Wirklichkeit werden auf das Smartphone nützliche Informationen über die Realität eingespielt, also etwa Hinweise über freie Wohnungen in einer Straße, die man gerade entlangläuft. In der Zukunft, damit endete der Artikel, könnten diese Informationen auch auf eine kleine Brille projiziert werden.

Ein komplett neuer Blick auf die Welt also, und sofort wusste Achtenmeyer: Das war die Lösung. Ein kleines Dossier über jeden seiner Mitarbeiter, dann bei einer zufälligen Begegnung auf dem Flur das Handy auf den Mann oder die Frau gerichtet, die Realität angereichert – und schon könnte er als Vorgesetzter ganz zwanglos mit dem Betreffenden über dessen Wünsche, Motivationen und Sorgen plaudern.

So sieht der Chef der Zukunft aus, jubelte Achtenmeyer innerlich und stürzte aus dem Zimmer, um Dr. Karl umgehend von seiner genialen Idee zu berichten. Wahrhaftig: Die

Gehaltserhöhung, deretwegen er vor Monaten schon vorstellig geworden war, hatte er damit so gut wie in der Tasche.

Wie es der Zufall wollte, rannte er auf dem Weg genau in Dr. Karl hinein. Sein Chef schaute kurz überrascht, musterte ihn dann intensiv durch eine grünlich eingefärbte Brille, und Achtenmeyer fragte sich kurz, warum ihm diese Brille vorher noch nie aufgefallen war. Dr. Karl riss ihn aus seinen Gedanken. »Mein Lieber, gut, dass ich Sie treffe. Leider muss ich Ihre Bitte um mehr Gehalt ablehnen, Sie wissen schon, Konjunktur und so.« Dr. Karl machte ein überraschend glaubwürdig bekümmertes Gesicht.

»Aber«, seine Miene hellte sich auf, »als kleines Trostpflaster spendiert die Firma einen Kurztrip nach Barcelona. Und damit Ihnen auf dem Flug nicht langweilig wird, habe ich hier ein Dylan-Privatkonzert vom Herbst 1979. Live, nur 500 Pressungen. Viel Spaß damit!«

Begeistert hielt Achtenmeyer die Platte in Händen. Dass er seinem Chef so viel bedeutete, war ihm gar nicht bewusst gewesen. Tatsächlich: Er war gerührt. Nur irgendwo im Unterbewusstsein hatte er das Gefühl, eine Kleinigkeit übersehen zu haben.

Fluch der wilden Jugend

**Das Internet kombiniert das Gedächtnis
eines Elefanten mit der Diskretion
einer gemischtgeschlechtlichen Sauna.**

Dr. Karl ist für ihn wie ein offenes Buch. Als sein Vorgesetzter ihn zu sich bittet, weiß Achtenmeyer deshalb sofort, dass er sein neues *assignment* knicken kann. Wäre auch zu schön gewesen: *cross-function position*, großes Budget, *total* EEMEA. Irgendwas hoch Strategisches, Details *tbd*, auf jeden Fall aber höhere Dienstwagenklasse. Nur: Wenn Dr. Karl runter in sein Büro kommt – good news. Wenn Achtenmeyer aber, wie heute, zu ihm hochkommen soll – nun ja.

»Nun ja. Wilde Jugend gehabt, was?«, sagt sein Vorgesetzter jetzt und raschelt unbehaglich mit den *slides* auf seinem Tisch. Es sind Ausdrucke aus dem Netz. Man sieht: Achtenmeyer vor Hammer-und-Sichel-Fahne, die Hand zum Arbeitergruß geballt. Achtenmeyer auf dem Video vom Junggesellenabschied, für das er so tun sollte, als bewerbe er sich für eine Rolle in einem Softporno. Achtenmeyer mit Hammer beim Hasenschlachten. Eine schöne Tradition seiner Heimat, für die Dr. Karl jedoch überraschend wenig Begeisterung zeigt. »Die neue Position ist extrem *exposed*, da müssen wir die *reputation* proaktiv managen«, sagt Dr. Karl. »*To cut a long story short*: Sie sind raus, Spengler ist drin.«

Ausgestochen von Spengler aus dem Controlling, ausgerechnet. Im final *shoot-out* zu Fall gebracht von einem Medium, von dem Achtenmeyer stets dachte, es sei mit ihm *on friendly terms*. Ein fataler Irrtum, denn auch das Internet ist ein offenes Buch und kombiniert zudem das Gedächtnis eines Elefanten mit der Diskretion einer gemischtgeschlechtlichen Sauna. Achtenmeyer braucht deshalb jetzt *asap* ein Handtuch, bildlich gesprochen, und zwar XXL, um die hässlichen Blößen in seinem Curriculum Vitae zu verdecken. So ein Handtuch gibt es sogar, bei einschlägigen Anbietern im Netz. Dort durchforsten Spezialisten das Internet und erstellen für ihren Auftraggeber einen Identitätsreport. Auf Wunsch versuchen sie anschließend, bei den Web-Seiten-Betreibern eine Löschung von Fotos, Videos und Blog-Einträgen der Kategorie peinlich-pikant durchzusetzen. Danach ist der Online-Achtenmeyer wieder so clean und cute wie der junge Eisbär Knut. Saubere Weste 2.0.

Eine hübsche Idee, und sie wird noch hübscher, wenn man den moralischen *set-up* etwas modifiziert. Warum nur die eigene Person virtuell durchleuchten lassen, fragt sich Achtenmeyer, der schon immer ein Händchen für *the next big thing* hatte. Warum nicht die Profis in den Weiten des Netzes nach Fehltritten seiner Konkurrenten fahnden lassen? Und die Ergebnisse zu einem netten Päckchen Dreck *wrappen*, das man bei passender Gelegenheit hervorholen kann?

Was allerdings den EEMEA-Job betrifft, wird wohl selbst diese brillante Idee keinen *turnaround* bei Dr. Karl bewirken. Etwas Peinliches über den diplomierten Langweiler Spengler zu finden ist eine klassische *no-win-mission*. Das einzig Bunte in Spenglers Biographie, fürchtet Achtenmeyer, sind dessen Krawatten.

Anstrengende Extrameilen

Social Responsibility ist, wenn man Gutes tut.
Und davon schöne Bilder macht.

Von den Wattewörtern unter Punkt VII ließ Achtenmeyer sich nicht irritieren. Im Leben, in Führungskräfterunden zumal, zählt Performance, auch wenn das Thema so soft daherkommt wie »Social Responsibility für Manager«. Ein Glück, dass seine Abteilung letztes Jahr die Patenschaft für ein indisches Waisenhaus übernommen hat. Als Achtenmeyer die Bilder von sich und den großäugigen Kindern herumreichte, konnte er die neidischen Blicke der anderen geradezu spüren.

Sich auf seinen Lorbeeren ausruhen aber ist Achtenmeyers Sache nicht. Da trifft es sich hervorragend, dass die nächste Gelegenheit für eine gute Tat soeben sein Büro betreten hat, und zwar in Gestalt des jungen Bredel, der bezüglich einer *Global Challenge* dringend etwas *flaggen* möchte. Ob er, Achtenmeyer, wisse, dass schon eine einzige Autofahrt von, let's say, München nach Aachen 120 Kilogramm CO_2 produziere? Dass Fleischesser klimatisch schlechter abschneiden als Vegetarier, weil bei der Rinderhaltung Methan entsteht? Und wie die Abteilung eigentlich generell mit Global Warming umgehe? Innerlich zuckt Achtenmeyer die Schultern; äußerlich schaut er Bredel unverändert freundlich an, weil er weiß, dass der nur Fragen stellt, zu denen er die Antwort bereits kennt. Nicht zuletzt deshalb hat Achtenmeyer ihn ja ins Team geholt.

In diesem Fall lautet die Antwort »CO_2-Rechner«. »Damit kann nicht nur jeder seine persönliche CO_2-Bilanz ermitteln«, sagt Bredel stolz. »Vor allem können wir als Abteilung berechnen, wie stark wir die Umwelt entlasten, wenn Dienstreisen effizienter gestaltet werden.« Über sein Gesicht legt Achtenmeyer jetzt diesen Ausdruck väterlicher Güte, den er so lange vor dem Spiegel geübt hat. »Gut gemacht, Bredel! Ich schätze Mitarbeiter, die auch mal *out of the box* denken.«

Auf sein Steak wird Achtenmeyer natürlich nicht verzichten, so viel ist mal klar. Aber was den Rest angeht, setzt er gleich ein Memo auf. Sämtliche Dienstreisen müssen ab sofort erst durch den Kohlendioxid-Rechner und dann über seinen Schreibtisch. Flugreisen nur noch, wenn unbedingt notwendig, lieber Bahn oder Videokonferenz. Das Ganze, schreibt Achtenmeyer, ist eine Frage des *mindsets*. Auch wenn der Komfort leide, müsse jeder bereit sein, die Extrameile zu gehen. »Gehen« hat er unterstrichen, Achtenmeyer liebt Wortspiele.

Das Memo ist keine Woche alt, da steht Bredel wieder auf der Matte. Achtenmeyers jährliche Reise zum indischen Waisenhaus sei ja nicht direkt *business-related* und ob er wisse, dass der Flug nach Delhi fast drei Tonnen CO_2 verursache? Achtenmeyer nickt freundlich. Dann durchsucht er Bredels Spesenabrechnungen auf Unregelmäßigkeiten, damit er ihn leichter feuern kann. Der junge Mann mag ja ganz hell im Kopf sein. Aber die Grundlagen von Social Responsibility und Marketing hat er offensichtlich nicht mal im Ansatz begriffen.

In der Imperator-Klasse

**Einst waren Flüge die letzte Gelegenheit
für Führungskräfte, mehrere Stunden am Stück
keine Mails zu lesen. Das war zwar nervig,
bot aber, wie Achtenmeyer jetzt lernen muss,
auch einen gewissen Schutz.**

Diese Sache MUSSTE Achtenmeyer einfach ausprobieren:
Im Flugzeug telefonieren! Mit seinem geliebten Blackberry!!
Während des Flugs!!! Völlig beseelt blickt er auf das grün-
bläuliche Mittelmeer hinab und kann sein Glück noch gar
nicht fassen: Als weltweit erste Fluglinie bietet diese Airline
an Bord einiger ihrer Jets uneingeschränkten drahtlosen In-
ternetzugang und Handyempfang. Das Ganze ist für Achtenmeyer derart erregend, dass sein Gehirn vor der Endorphin-
flut kapituliert und ihm in seinem Blackout niemand
anderes einfällt, den er anrufen könnte, als ausgerechnet
seine Frau. Das Gespräch ist etwas weniger herzlich, als es
dem historischen Augenblick angemessen gewesen wäre
(»Bin bei der Maniküre. Was gibt's denn so Dringendes?«),
und von ernüchternder Kürze (»Du kannst telefonieren?
Ganz toll. Ruf doch bitte rasch die Hubers an wegen des
Opernabends nächste Woche. Tschüssi!«).

Trotz 12500 Metern über der Erdoberfläche derart also
auf den Boden der Tatsachen zurückgeholt, erwacht in Achtenmeyer wieder der nüchterne Manager. Bei Licht betrachtet, kann auch das Telefonieren im Flugzeug nicht darüber

hinwegtäuschen, dass Fliegen an sich längst zur öden Massenveranstaltung verkommen ist. Selbst die Zahl der Hon-Members sei mittlerweile vierstellig, hörte Achtenmeyer neulich, und dies wiederum brachte ihn auf einen schönen *business case*: Wie wäre es denn mit noch mehr Differenzierung, mit dem Kreieren einer Gruppe über den Hons, etwa als »Imperator-Klasse«? Mit einer schicken Platinkarte zum Beispiel, persönlicher Abholung zu Hause und Transport bis zum Rollfeld sowie Champagner *for free*.

Eine glänzende Idee, die er – auch im Flieger müssen Wortspiele erlaubt sein – gleich mal pilotieren muss, und das wiederum geht am besten über Dr. Karl, seinen Bruder im Vielfliegergeiste. Sein Vorgesetzter glaubt zwar, Achtenmeyer sei noch beim *teamouting* in Barcelona; er kann ja nicht wissen, dass er sofort den nächsten Flug genommen hat, mit drei Zwischenstopps, um endlich einmal im Flieger telefonieren zu können. Sicherheitshalber schickt Achtenmeyer deshalb nur eine Mail und vergisst auch nicht, sein Copyright auf das Label »Imperator-Klasse« anzumelden. Kurz darauf klingelt sein Handy. »Dr. Karl hier. Mensch, Achtenmeyer, eine klasse Idee ist das. Sicher, das durchzukriegen wird ein *uphill battle*, aber es könnte sich lohnen, vor allem wenn … sagen Sie mal, ich höre Sie doppelt, am Telefon und in echt. Sitzen wir etwa im gleichen Flieger? Warum sind Sie nicht in Barcelona?«

Hastig legt Achtenmeyer auf, aber es ist schon zu spät. Keine fünf Minuten später pingt eine Mail im Posteingang: Sofortiges Dienstreiseverbot wegen offensichtlichen Desinteresses an *teambuilding*. Hon-Status gestrichen, Imperator kann er sich abschminken, und zurück soll er Bus und Fähre nehmen. Mit freundlichen Grüßen: Dr. Karl, Sitzplatz 5 A.

Auf der Suche nach der
verlorenen Mitte

**Menschen können lernen, im Umgang mit anderen
Menschen besser zu werden.
Oder sie reduzieren einfach den Kontakt.**

Beim letzten 360-Grad-Feedback hat Achtenmeyer hervorragend abgeschnitten, *among top ten percent*. Nur seine *people skills* sind noch *area of opportunity*. Um die Wahrheit zu sagen: Die Leute nerven Achtenmeyer manchmal nur noch an.

Heute früh etwa hat er alle Flüssigkeiten, derer er habhaft werden konnte, mit katasteramtsartiger Akribie auf die zulässige Füllmenge von hundert Millilitern überprüft und anschließend im so vorschriftsmäßig wiederverschließbaren wie transparenten Plastikbeutel verstaut, den seine Frau aus dem Drogeriemarkt mitgebracht hat. Nur die Paco-Rabanne-Parfümprobe hat er achtlos in den Trolley gesteckt. Leider stellt Paco Rabanne eine erhebliche Gefährdung des internationalen Flugverkehrs dar. »Gibt's schon so lange, die Vorschrift, aber manche raffen's einfach nicht«, meckert am Security Check der Herr im blauen Pulli.

Zurzeit liest Achtenmeyer ein Buch über den Umgang mit Menschen und wie man Konfrontationen vermeidet, indem man sich auf seine innere Mitte konzentriert. Er liest es, damit er nicht mehr sofort losbrüllt, wenn Herr Kilian die *forecasts* wieder zu niedrig ansetzt oder, schlimmer noch, zu hoch. Aber *people skills* sind immer wichtig, auch jetzt. Also holt Achtenmeyer tief Luft, begibt sich auf die Suche nach seiner inneren Mitte und hofft, dass ihn das vom Schreien abhält.

»Außerdem piepsen Sie«, sagt der Blaubewamste vorwurfsvoll.

»Na und, dafür verdiene ich in einem Monat so viel wie Sie im ganzen Jahr«, brüllt Achtenmeyer. Die innere Mitte ist jetzt ganz weit weg; auch im Büro der Bundespolizei, wohin ihn der Schreianfall gebracht hat, kann Achtenmeyer sie trotz intensiver Suche nicht finden. Dafür sieht er eine Broschüre über »Biometrische Passkontrolle«. Weil er seinen Flug jetzt eh verpasst hat, lässt er gleich seine Ausweisdaten sowie die biometrischen Merkmale seiner Iris erfassen.

Beim nächsten *business trip* wird Achtenmeyer an der Passkontrolle nonchalant auf die menschenleere Autocontrol-Spur wechseln, sein Auge in eine Kameralinse halten, und dann heißt es: »Bye-bye Warteschlange, hello Zeitersparnis!«

Und: Statt mit Beamten in Interaktion treten zu müssen, die gucken wie Hühner in der Legebatterie und keinen Schimmer von den weltbewegenden Projekten haben, die Achtenmeyer stündlich aufs Gleis setzt, wird sein Gegenüber nur eine seelenlose Maschine sein, frei von launigen Bemerkungen oder Muffelstimmung. Die Gefahr ist gering, dass Achtenmeyer gegenüber der stummen Servilität eines Automaten seine Contenance verliert.

Denkbar wäre, dass Dr. Karl sich die Arbeit an den *people skills* etwas anders vorgestellt hat. Doch wenn einen Menschen nerven, was läge näher, als weniger Menschen zu treffen? Ein Anfang ist jetzt gemacht. Allerdings, durch den Security Check muss Achtenmeyer immer noch. Vielleicht ist Valium eine Lösung.

Noch einmal spontan nach Paris

Ewige Jugend ist ein ewiger Menschheitstraum. Technisch keine große Sache, doch sie scheitert an der Trägheit komplexer Organisationen.

Mit der gleichen Wucht, mit der die Bahn jedes Jahr im Dezember vom Schnee überrascht wird, trifft Achtenmeyer regelmäßig zum Jahresende die jähe Erkenntnis der eigenen Endlichkeit. Zugegeben, originell ist das nicht, doch zwei Dinge unterscheiden dann doch den Topmanager von *the guy next door*. Erstens die klarsichtige Schärfe der Analyse: »Seit in der Bundesregierung Minister sitzen, die jünger sind als ich, weiß ich zwei Dinge«, pflegt er, gierig den Widerspruch seiner Zuhörer erwartend, auf Partys zu sagen: »Ich bin alt, und ich bin im Zenit meiner Karriere angekommen.«

Zweitens, und jetzt wird es interessant, ist Achtenmeyer in der glücklichen Lage, seinem Schicksal nicht ohnmächtig ausgeliefert zu sein. Managen, das bedeutete für ihn immer schon, das Unmögliche zu denken. Und dann seine Mitarbeiter zu beauftragen, die Gedanken operativ umzusetzen. Warum sonst verfügt er über die beinahe unendlichen Ressourcen eines global agierenden Multis?

Zugegeben, streng hierarchisch gedacht, verfügt er nur über einen eher überschaubaren Teil dieser Ressourcen, weshalb er jetzt zunächst ein *proposal* an den Vorstand schickt. Inhalt: Entwicklung eines Verjüngungsmittels. Verkaufserlös im ersten Jahr (*estimated*): 1 Milliarde Euro. Name:

Eternity. Das Ganze auf Basis von Guarana, Stierhoden, Nektar, Ambrosia, *whatever*. Den Rest sollen sich die Geschmacksingenieure überlegen, ein Mann in seiner Position kann sich schließlich nicht um alles kümmern, denkt Achtenmeyer und schickt die Mail ab.

Seinen *line manager* Dr. Karl hat er außen vor gelassen; der ewige Bedenkenträger würde erst wieder das Controlling involven, umständliche Marktforschung anordnen und überhaupt alles nach Vorschrift machen, wonach Achtenmeyer gerade gar nicht der Sinn steht. Alle um ihn herum werden jünger, nur er wird immer älter, da ist Eile geboten. Beim Vorstand ist ein derart visionäres Projekt bestens angesiedelt. *Top priority*, *top level*, so einfach ist das.

Die folgende Nacht verbringt Achtenmeyer mit süßesten Träumen von ewiger Jugend. Noch einmal die Nacht spontan nach Paris durchfahren. Am Strand zelten, schlafende Kühe umwerfen. Den Exomat wieder nutzen, ein phänomenales Gerät, mit dessen Hilfe man literweise Bier in Sekundenschnelle schlucken kann, Druckbetankung für Teenager.

Als er am Morgen darauf in der Firma ankommt und gerade überlegt, ob es Sinn macht, die Alcopops-Mode nachzuholen oder ob das dann doch ein wenig *over the top* wäre, stürzt Dr. Karl auf ihn zu. Sein Gesicht ist rot angelaufen und verzerrt wie das eines brüllenden Säuglings, so dass sich Achtenmeyer unwillkürlich fragt, ob es den Verjüngungstrunk vielleicht längst gibt.

Doch Dr. Karl ist immer noch der Alte, nur in wütend. Was er sich dabei gedacht habe, ihn einfach zu übergehen, wie er überhaupt auf eine solche Schnapsidee komme und überhaupt, wenn jeder Blödian den Vorstand mit seinen unausgegorenen Hirngespinsten belästige, würde die Firma gar kein Geschäft mehr machen.

Achtenmeyer hat längst auf Durchzug gestellt – als Genie steht er über kleingeistiger Nörgelei. Erst als Dr. Karl vom Brüllen zum Zischen wechselt, sich dann dicht vor seinem Auge aufbaut und in einer Stimmlage spricht, die auf faszinierende Weise zwischen tonlos und druckvoll changiert, hört er unwillkürlich hin. »Merken Sie sich eins, Achtenmeyer«, presst Dr. Karl zwischen schmalen Lippen hervor, »Sie sind viel zu jung, um sich derartige Sperenzchen leisten zu können. Und zu alt, um hier eine Revolution zu starten.«

Irgendetwas rutscht da in Achtenmeyers Kopf an die richtige Stelle. Dr. Karl hat nicht nur recht, er hat ihm auch Silvester gerettet. Zu jung und gleichzeitig zu alt – das klingt doch ideal. Genau das hat er gebraucht für sein Selbstwertgefühl. Nun kann alles bleiben, wie es ist, *no need for further action*. Welche Erholung.

Der Teufel steckt in Facebook

Eitelkeit, soziale Netzwerke und Motivkrawatten sind eine explosive Mischung. »Das mache ich noch eben schnell« – dieser Satz ist der Funke, der sie in die Luft jagt, denn »eben schnell« geht meistens schief.

Es gibt Momente, selbst im Leben einer permanent alles gebenden Führungskraft eines multinationalen Konzerns, da tut sich plötzlich ein Zeitfenster auf. Fünf ebenso unverhoffte wie unverplante Minuten bis zum nächsten Meeting oder eine Viertelstunde am Flughafen, weil das Taxi dann doch schneller durchkam als sonst.

Weil Achtenmeyer niemand ist, der ziellosem Müßiggang etwas abgewinnen könnte, versucht er, diese Zeitgeschenke mit der Erledigung kleiner Aufgaben zu füllen, die sich sonst schlecht in seinen durchgetakteten Arbeitstag einpassen lassen. Zum Beispiel gerade jetzt: Sein Vorgesetzter Dr. Karl hat sich ungewöhnlich kurz gefasst, so dass Achtenmeyer die zehn Minuten, die sich vor ihm ausbreiten wie glänzende Goldmünzen, nutzen kann, um endlich sein Profilfoto auf Facebook auszutauschen.

Das steht zwar schon lange auf seiner inneren Agenda, aber mal ehrlich: Welcher Manager, der auf sich hält, würde ein derart banales Ansinnen offiziell planen, zwischen all den *Steering-Committee*-Sitzungen, *Global Calls* und *Forward 2020-Meetings*? Nun aber, denkt Achtenmeyer, kann ich dieses Bild-*issue* noch eben schnell lösen.

Natürlich ist ihm klar, dass sich auf die Auswahl eines Bildes, mit dem er sich vor potentiell Milliarden von Menschen präsentiert, durchaus mehr Sorgfalt und Esprit verwenden ließe als die jetzt noch neun Minuten ab 14.51 Uhr, die ihm bleiben. Andererseits ist er seit jeher ein großer Fan der 80/20-Regel, nach der 80 Prozent der Ergebnisse in 20 Prozent der Zeit erreicht werden. Die fehlenden 20 Prozent sind, und da kann Achtenmeyer nur aus vollem Herzen zustimmen, bestenfalls schmückendes Beiwerk oder lästige Exzesse wahnhafter Perfektionisten.

Also ruft er flugs den Ordner mit seinen Bildern auf Facebook auf, entscheidet sich für eines, das ihn in *business casual* und lässig zupackend als sympathischen Macher zeigt – und hängt fest. Facebook lässt ihn das Bild nicht verschieben. Achtenmeyer versteht nicht, warum; doch »verstehen« war auch nie sein Ziel im Umgang mit Technik. Sondern »funktionieren«.

Irgendwo in seinem Unterbewusstsein klingelt jetzt ein kleines Glöckchen und erinnert ihn daran, dass er sich vor Jahren geschworen hat, die Finger von Dingen zu lassen, die er »noch eben schnell« erledigen möchte. Weil es meistens Dinge sind, bei denen das Schicksal eine unheilige Allianz mit Eile und Unfähigkeit eingeht, in deren Folge sich eine geradezu boshafte Kaskade unerquicklicher Ereignisse abspielt.

Andererseits: Von einem blöden Netzwerk lässt sich ein Top-Manager doch nicht ins Bockshorn jagen! Also ignoriert Achtenmeyer das Glöckchen und öffnet stattdessen den Bilder-Ordner auf seinem Desktop. Tatsächlich ist das gesuchte Foto auch dort vorhanden, allerdings zu groß, so dass er es erst runterskalieren muss. Dabei übertreibt er ein wenig, woraufhin Facebook vermeldet, dass das Bild nunmehr leider nicht mehr die erforderliche Pixelzahl aufweise. Einige Versuche später ist auch diese erreicht, die Uhr zeigt 14.59 Uhr, und das ist ja noch locker zu schaffen.

Dummerweise ist durch die erhöhte Pixelzahl nun das Bild zu groß für den vorgesehenen Platz, was an sich kein Problem wäre, denn es handelt sich um eine Weitwinkelaufnahme, in deren Vordergrund Achtenmeyer posiert, deren Hintergrund (langweiliges Mittelgebirge) aber verzichtbar scheint. Weil es nun aber bereits 15.03 Uhr ist, bittet er seine Sekretärin, im Konferenzraum Bescheid zu sagen, dass er sich eine Viertelstunde verspäten werde. Das ist zwar nicht sehr höflich, immerhin *hostet* er das Meeting, aber das sind jetzt Details.

Wobei auch Details tückisch sein können, etwa wenn sich ein Bild nicht mit der Maus anfassen und sich ergo auch der Bildausschnitt nicht verschieben lässt. Achtenmeyer flucht stumm, dann greift er zum Hörer und ruft einen Bekannten an, der bloggt und posted und twittert, was das Zeug hält, und in Achtenmeyers Gehirn unter »Kann alle Probleme rund um Computer und Internet in Windeseile lösen« abgespeichert ist.

Der Bekannte sagt: »Facebook? Da war ich ja ewig nicht mehr drauf. Schneid doch das Bild in Photoshop zurecht und lad es dann neu hoch.« Selbstredend hat Achtenmeyer kein Photoshop, und erst recht keine Zeit für derart aufwendige Operationen. »Dann logg dich mal aus und wieder ein, manchmal hilft das.« Diesmal nicht. »Trotzdem danke für deine Hilfe«, säuselt Achtenmeyer und hofft, dass sein Bekannter die bösartige Ironie darin nicht überhört.

Inzwischen ist es 15.22 Uhr, seine Sekretärin steht in der Tür und hat ihren »Gleich-wird-Mutti-richtig-böse«-Blick aufgesetzt. Achtenmeyer, der große Improvisator, klickt sich hastig durch den Bilder-Ordner, findet ein Foto in genau der richtigen Größe, lädt es hoch, speichert ab – und fertig. Auf dem Bild trägt er eine Krawatte mit kleinen Christbaumkugeln, und wer genauer hinschaut, sieht seinen ganz leicht glasigen Blick, denn es gab Weihnachtspunsch. Aber hey, deshalb arbeitet er ja im Marketing statt im Controlling, nicht wahr?

Als er um 15.31 Uhr den Konferenzraum erreicht, ist das Meeting schon in vollem Gange. Bodhuber, einer seiner Mitarbeiter mit kaum verhüllten Aufstiegsambitionen, führt durch die Agenda. Achtenmeyer bleibt souverän und huscht geräuschlos auf einen freien Platz. Das wird Bodhuber nichts bringen, beruhigt er sich, was zählt schon ein Meeting gegen ein schickes neues Profilbild? Sowie gegen die Etablierung eines neuen Management-Prinzips, der 20/80-Regel: 20 Prozent des Erfolgs mit 80 Prozent der Zeit. Achtenmeyer hat die Regel soeben persönlich getestet. Funktioniert einwandfrei.

Lessons learned

Schöner Schein: Das Erscheinungsbild einer Führungskraft, auch und gerade in den sozialen Netzwerken, ist kaum zu überschätzen. Schon werden Bewerber danach bewertet, wie präsent sie auf Facebook, Twitter & Co. sind.

Weniger ist mehr: Die 80/20-Regel, nach ihrem Entdecker Vilfredo Pareto auch »Pareto-Prinzip« genannt, ist ein Werkzeug, das die Effizienz von Arbeit, aber auch die Sicherheit von Entscheidungen erheblich steigern kann.

Prioritäten setzen: Geht etwas schief, fällt es schwer, die eigenen Emotionen zu kontrollieren und den Fokus auf dem größeren Ziel zu halten. *Doing the right things and doing things right*, hat das mal ein Management-Experte genannt. Einfacher formuliert: Überlegen, wofür sich ein Einsatz lohnt. Und es dann auch richtig machen – oder rasch die Reißleine ziehen.

Megatrend Bottom up: Neue Technologien und mehr Transparenz bringen Hierarchien zum Schmelzen. Künftig werden Meinungen und Stile »einfacher« Mitarbeiter wichtiger für das Gesamtbild eines Unternehmens. Das Top-Management wird sie verstärkt als Trend-Barometer nutzen. Der klassische Mittelmanager sollte sich darauf einstellen – sonst wird er zwischen oben und unten zerrieben.

Lead by emotions: Führungskräfte werden sich dabei immer weniger hinter formalen Regeln verschanzen können – persönliche Überzeugungskraft wird eine zentrale Rolle spielen.

Money can't buy me love: Wer die individuellen Wünsche und Ziele seiner Mitarbeiter kennt, kann gezielt darauf eingehen – und erhöht Motivation und Leistung im Team. Sicher, das Gehalt ist auch wichtig – doch zahlreiche Studien zeigen, dass Geld nicht mehr ist als ein »Hygienefaktor«, der stimmen muss, aber nicht allein entscheidet. Wichtiger ist, Mitarbeitern die Möglichkeit zu geben, mit ihrer Arbeit einen sinnvollen Beitrag zum Unternehmenserfolg zu leisten.

HEY! ICH HAB JETZT AUCH ENDLICH EIN HOBBY: SYNCHRONSPRINGEN!
ICH WÄRE JETZT TROTZDEM GERNE EINE SEKUNDE ALLEIN.
LEOWALD

VIII.

Manager sind Multitasker

Hobbys und andere Mittel,
überflüssiges Geld und Zeit loszuwerden

Es gibt viele Wege, andere Menschen zu beeindrucken, doch der furiose Umgang mit Excel-Charts gehört nicht dazu. Auch nicht die korrekte *sales*-Prognose für das kommende Jahr. Derlei Fertigkeiten bilden vielmehr das Fundament, das jemanden für eine bestimmte Ebene innerhalb des Unternehmens qualifiziert. Um dort Eindruck zu schinden, muss das viele Geld, das auf besagter Ebene verdient wurde, möglichst imagefördernd investiert werden. Denn erst bestimmte Begleiterscheinungen eines *top-level*-Gehalts (5-Sterne-Plus-Hotels, First-Class-Flüge, Dienstwagen) oder aber eine interessante Charakter-Facette, ein Hobby gar, formen aus ödem Durchschnitt attraktive *high performer*. Um es mit Dieter Bohlen zu sagen: »Haste Geld, haste Autos, haste Frauen.«

So stehen nicht wenige gut- und auch weniger gutsituierte Angestellte vor der Frage, wie sich das vorher unter Blut, Schweiß und Tränen gefüllte Bankkonto auf eine Art leeren lasst, die gleichzeitig zufrieden und beliebt macht. Reicht es, edle Schuhe zu erwerben? Oder bringt es mehr, sich für den

Männer-Klassiker Fußball zu begeistern? Eher schwierig sind in diesen durchperfektionierten Zeiten Versuche, sich als Revolutionär zu gerieren, wie Achtenmeyer feststellen muss, als er das Rauchen anfängt, um eine Art Che Guevara 2.0 zu werden.

Wer gar dauerhaft eine Nebenbeschäftigung sucht, wird wie Achtenmeyer schnell feststellen, dass die Tücken so zahlreich sind wie die Angebote: Kite-Surfen ist zu neureich, Schach zu verkopft, Tennis nur noch ein schlechter Witz in Weiß. Und Kochen wiederum ist das Tennis der Nuller-jahre.

Kein Wunder, dass Manager so viel arbeiten. Bei solchem Freizeitstress wirken Excel-Tabellen einfach beruhigend.

Schlechtes Wortspiel mit
Claudio Abbado

Unternehmen sind wie Orchester: Alle müssen mitspielen. Aber am Ende des Tages gibt es immer einen, der den Takt vorgibt. Nur einen.

Je älter Achtenmeyer wird, desto stärker wird ihm bewusst, dass einen die Sünden der Jugend immer irgendwann einholen. Zum Beispiel die musikalische Früherziehung. Als Kind erhielt er Klavierunterricht. Sein Lehrer, Dr. Märtel, war ein missmutiges altes Männlein mit für einen Pianisten überraschend dicken Fingern. Dr. Märtels *key focus* lag auf Disziplin (Üben!) und Akkuratesse im Anschlag. Achtenmeyers Fokus lag darauf, möglichst schnell und mit möglichst wenig Aufwand einige romantische Stücklein zu lernen, um als eine Art Wiedergänger von Klavierkitschkönig Richard Clayderman die Mädels in seiner Klasse beeindrucken zu können. Die strategischen Differenzen führten nach einem knappen Jahr zur Beendigung der Kooperation mit Dr. Märtel, und Achtenmeyer ging konsequenterweise ins Marketing.

Doch ausgerechnet hier, wo Schein alles und Akkuratesse höchstens als Name für ein neues Staubwischtuch gefragt ist, holte ihn neulich die Musik wieder ein. »Teamplay, mein Lieber«, sagte Dr. Karl und wedelte mit einem Blatt Papier. »Eine *company* ist wie ein Orchester. Wenn nur ein Instrument falsch spielt, wendet sich das Publikum ab.« Das

Papier entpuppte sich als Einladung zu einem Abend mit einem Top-Dirigenten, Thema: Was Unternehmen von Weltklasseorchestern lernen können.

Dass die Konsumenten weltweit vernetzt sind, stand auf dem Papier. Dass 78 Prozent von ihnen Empfehlungen ihres Social-Media-Umfeldes trauen, aber nur 14 Prozent der Werbung. Schnarch, dachte Achtenmeyer und war drauf und dran, Dr. Karl ganz piano auf seine vollgepackte Agenda zu verweisen, als sein Blick an einem Satz hängenblieb: »Auf-Takt zu neuem Kundendenken«. Prompt sagte er zu. Für schlechte Wortspiele hat er nun mal ein Faible.

Der Dirigent entpuppte sich als distinguierter älterer Herr mit künstlerisch zurückgegeltem Grauhaar. Seine *key message* – dass in einem Unternehmen wie in einem Orchester die verschiedenen Instrumente zu einem großen Ganzen vereint werden müssen – war für Achtenmeyers Geschmack zwar etwas schlicht. Aber wer könnte einem Mann widersprechen, der schon mit Claudio Abbado und der Netrebko gearbeitet hat? Das würde sich nicht einmal Dr. Karl trauen, kalkulierte Achtenmeyer.

Solchermaßen von der Muße geküsst und von der Musik gestärkt, startete er in die Budgetverhandlungen. Das Ziel: endlich Überling vom Vertrieb übertrumpfen, dessen Etat für seine Kloppertruppe seit Jahren anschwillt, während Achtenmeyers Budget *flat* bleibt. Wie sich dann jedoch herausstellte, war Überling gar nicht da, und Dr. Karl hatte das Budget am Wochenende in einem Wellnesshotel in der Steiermark skizziert, auf einer Serviette zwischen zwei Saunagängen. »Vertrieb: *up 20 versus year ago*« stand darauf, und zwei Schweißtropfen weiter: »Marketing: *down 20 versus year ago; ratio: social media below average*«. Na toll.

Achtenmeyer schäumte, doch er verbarg seine Wut hinter

einem ausgefeilten Exkurs über die Vorteile sinfonischer Kooperationsprozesse in der Wirtschaft, wie er es vom Dirigenten gelernt hatte. »Teamplay, Dr. Karl, Sie erinnern sich doch?« Dr. Karl blickte über seine Lesebrille und plötzlich war Achtenmeyer klar, dass sich sein Vorgesetzter seit Tagen schon auf die folgende Replik freute: »Sicher, Teamplay, mein Lieber, alles gut und recht. Aber auch im Orchester spielt einer die erste Geige. Und das bin ich.«

Psychopathen an der Spitze:

Warum Chefs ein bisschen Irrsinn nicht schaden kann

Vorgesetzte, da sind sich Angestellte auf der ganzen Welt einig, sind eine ganz besondere Spezies. Man sieht das an ihren Krawatten, an diesen »Ich chef das schon«-Auftritten und natürlich an den Sprüchen, die ihre Untergebenen in einer Mischung aus Ohnmacht und Spott zitieren. Hingeraunzte Satzfetzen, die auf der Grenze zwischen Bonmot und Beleidigung balancieren, wie etwa diese:

- »Solange Sie nicht tot sind, können Sie arbeiten!«
- »Wer es bis zum Arzt schafft, schafft es auch ins Büro.«
- »Grippe ist Charakterschwäche.«
- »Seien Sie froh, dass Sie nicht so viel verdienen, dann zahlen Sie auch weniger Steuern.«
- »Wenn ich Sie wäre, wäre ich lieber ich.«
- »Ich bin nicht arrogant, das sieht nur von unten so aus.«

Natürlich klingt das alles andere als freundlich – aber seien wir ehrlich: Wir wollen es ja nicht anders. Wir wollen, dass unsere Chefs auffallen, im Guten wie im Schlechten. Wir wollen, dass sie Marotten haben und Macken. So wie echte Stars eben – wie Christina Aguilera, die vertraglich festlegen lässt, dass ihr eine Polizeieskorte gestellt und im Catering keinesfalls umweltschädliches Styropor oder Plastik verwendet wird und sie Sojamilch mit Vanille-Geschmack bekommt.

Weil aber im handelsüblichen deutschen Büro die Dichte an Showbiz-Stars eher überschaubar ist, brauchen wir Ersatz: Über wen sollen wir uns sonst in der Kantine das Maul zerreißen? Da sind wir nicht anders als die Äffchen, die in einem Experiment wählen konnten zwischen süßem Saft und Bildern von Affen, die in der Horden-Hierarchie über ihnen standen. War erst mal der Hunger gestillt, wählten die meisten die Bilder der Affen-Chefs.

Bei dieser Faszination stellt sich die Frage: Was macht eigentlich einen Chef aus? Wird man als Bestimmer geboren oder kann man das lernen? Reicht ein schicker Anzug, oder muss es etwas mehr sein? Klar ist: Etwas Entscheidungsstärke, Durchsetzungskraft, Dynamik, ein Schuss Aggressivität und, das mag jetzt viele überraschen, auch eine Prise Intelligenz können nicht schaden. Darüber hinaus aber ist auffällig, wie viele Chefs, die doch tagtäglich mit Hunderten Menschen umgehen müssen, in puncto Sozialkompetenz noch etwas, nun ja, Luft nach oben haben. Der verstorbene Apple-Lenker Steve Jobs etwa: Ein Genie, sicher, doch im Umgang mit Mitarbeitern als äußerst launenhaft und tyrannisch verschrien.

Der Psychiater Robert Hare vertritt sogar die These, dass in den Führungsetagen von Wirtschaft und Politik überdurchschnittlich viele Menschen mit schweren Persönlichkeitsstörungen arbeiten. Meist überdurchschnittlich intelligent, charmant und redegewandt, gepaart mit starker Risikobereitschaft und einer gewissen Ruchlosigkeit – diese Kombination, die auch für Psychopathen charakteristisch ist, sei für den Aufstieg hilfreich gewesen.

Welcher Angestellte würde nicht freudig der Behauptung zustimmen, sein Chef sei ein Irrer? Belegen lässt sich das nicht, sicher aber ist: Wer es bis ganz nach oben schaffen will, muss anders sein als alle anderen. Er muss herausragen aus der grauen Büromasse. Alleine gute Leistungen sind meist zu wenig – denn schlau, diszipliniert und effizient sind ab einer gewissen Ebene alle. Eine Marotte, eine kleine soziale Auffälligkeit, die im Gedächtnis bleibt, ist da schon hilfreicher. Wie schwierig es ist, etwas Besonderes zu sein, damit kämpft Achtenmeyer wie Tausende mittlere Führungskräfte jeden Tag aufs Neue. Aber wer es schafft, an den wird man sich erinnern, wenn die nächste Beförderung ansteht.

Ein Fighter mit Feuer

Jeder Rebell hat einmal klein angefangen.
Umso besser, wenn sich zur Freiheit am Ende noch
ein wenig Entspannung gesellt.

Als die innere Leere, *getriggered* durch Midlife-Crisis, Burn- oder Bore-out oder alles zusammen, den Brust- und Bauchraum beinahe komplett ausfüllte, ging Achtenmeyer zu seinem Psychiater. Er erzählte Dr. Bolten von seiner Ziel- und Antriebslosigkeit, diesem Gefühl, seit einiger Zeit als »chairman of the bored« durchs Leben zu geistern. »Sie wirken unzufrieden«, sagte Dr. Bolten, der die irritierende Angewohnheit hat, das Offensichtliche festzustellen. Er empfahl Achtenmeyer, sich selbst zu finden.

Andere gehen dafür ins Kloster oder pilgern auf dem Jakobsweg. Achtenmeyer kaufte sich eine Packung Gauloises und fing das Rauchen an. Er ist ein *fighter*, er muss sich nicht selbst finden, weil er sich nie verloren hat. Wohl aber etwas, wofür es sich zu *fighten* lohnt. Jetzt hat er es gefunden: die Freiheit. Steht sogar auf der Packung: »Liberté toujours«.

Im Grunde seines Herzens war Achtenmeyer immer schon ein Rebell. Deshalb hat er früher eine Zigarette nicht einmal angefasst. Raucher, das waren dicke Männer, dicke Ledersessel, dicke Havannas: Establishment. Heute, eingepfercht und zur Schau gestellt in muffigen Glaskuben oder gelben Rechtecken, sind sie für ihn dagegen ein Fanal gegen die grassierende *narrow mindedness*, gegen das Diktat regulierungswütiger Gutmenschen. Es sind Revolutionäre, die Zigarre ist ihre rote Fahne. Wenn Achtenmeyer auf dem Bahnsteig, die Fluppe in der Hand, über die gelbe Linie hüpft, dann fühlt er sich wieder frisch wie der junge Che.

Jetzt muss das Ganze nur noch ausgerollt werden, sein nächstes Projekt in der Pipeline. Rein quantitativ betrachtet, findet Achtenmeyers Revolution bislang nämlich auf äußerst begrenztem Territorium statt, vornehmlich in den Smoking Bars der Lounges seiner Lieblingsairlines. Sein aktueller Favorit ist eine Lounge eines Flughafens irgendwo in Südostasien, wo sich revolutionärer Elan auf das Angenehmste mit Power-Relaxen vom *24/7-Business* verbinden lässt. Blank polierte Edelhölzer, eine großzügig sortierte Bar, Massagen im Spa-Bereich und ein kleiner Bach, der fröhlich vor sich hin murmelnd durch die zenartige Landschaft plätschert. Nichts, findet Achtenmeyer, geht über eine Robusto von »Romeo y Julieta« am Natursteintresen, gefolgt von einem waghalsigen Autorennen durch enge Straßenschluchten auf der Play Station 2 in der *game zone*. Rasen ist ja auch so eine Sache, die sie einem draußen in der Realität schon verleidet haben.

Hier in der Lounge ist die Welt noch in Ordnung, zumindest wenn man sich First oder Business leisten kann. Natürlich, *in the long run* kann die Tatsache, dass sie sich auf streng abgeschlossene Zirkel beschränkt, für eine revolutionäre Massenbewegung zu einem ernsthaften *issue* werden. Aber Achtenmeyer ist da *easy*, seinen Freiheitskampf sieht er als *long term investment*, gerade erst am Fuß eines beeindruckenden *hockey sticks*. Sogar Che hat schließlich mal klein angefangen.

Kafka und die Kraniche

Irdischer Besitz ist bloß Ballast. Das fällt oft aber erst dann auf, wenn man ihm einchecken muss.

Es ist kurz vorm Finale der Fußball-Europameisterschaft, als Achtenmeyer um ein Haar zum Terroristen wird. Hinter ihm liegen drei Tage Recruiting-Event in Rio de Janeiro. *High Potentials, high flyers. Work hard, play hard*, das Übliche. Vor ihm liegt dieser Abend, perfekt konturiert wie ein Model an der Copa Cabana: Chips, Bier, Glotze. Dank seines *outstanding* Organisationstalents hat er den Rückflug so gebucht, dass er pünktlich zum Anstoß zu Hause ist. Kostenpunkt für das letzte Stück von Frankfurt nach München: 500 Euro. Aber hey: Deutschland – Spanien! Nur den *bottleneck* Lufthansa hat Achtenmeyer übersehen. Beziehungsweise *Frusthansa*, denkt er grimmig, als um 18.30 Uhr – boarding time – ein »little technical problem« verkündet wird.

Bis 18.55 Uhr ist das kleine Problem schon erwachsen geworden, es heißt jetzt »defekte Maschine«. Um 19.30 Uhr ist Ersatz da, leider jedoch auch kaputt, wie sich um 19.50 Uhr herausstellt. *We apologize for the inconvenience*. Achtenmeyer redet sich ein, dass die zweite Halbzeit eh spannender ist, bis ihn die Flight-Managerin um 20.15 Uhr aus seinen Trostgedanken reißt. *Good news*: Die dritte Maschine ist da – und nicht kaputt. Dafür aber zu klein. Einige Passagiere müssen den nächsten Flug um 22 Uhr nehmen.

Sein persönliches *headquarter* hat Achtenmeyer mittlerweile vor dem giftgelben Kranich-Counter eingerichtet; in regelmäßigen Abständen verlässt er es, um in ebenso beeindruckende wie nutzlose Tobsuchtsanfälle zu verfallen. Er muss daran denken, dass Franz Kafka in diesem Jahr 125 Jahre alt geworden wäre, aber das kann auch Zufall sein. Und dann hat er einen jener fulminanten Geistesblitze, die den *mover and shaker* halt vom Mittelmaß unterscheiden: Wenn er jetzt ins nächstbeste Hotel geht, kriegt er noch das komplette Spiel mit. Tja, immer *one step ahead*. Bloß: Was passiert dann mit seinem Gepäck? Das Naheliegendste wäre ein anonymer Hinweis, dass in seinem Koffer eine Bombe sei. Eben *a little bit of terrorism*. Aber »da hat er die Traute nicht«, wie Béla Réthy sagen würde. Wer weiß schon, wie anonym anonyme Hinweise heutzutage wirklich noch sind?

Also schwört Achtenmeyer sich, beim nächsten Trip nicht mehr zu knausern und auf den besserwisserischen Jüngling zu hören, der ihm in Rio von einem ganz speziellen Gepäckservice erzählt hat. Der Dienst holt Koffer und Taschen zu Hause ab und bringt sie ins Hotel – oder umgekehrt. Keine Wartezeiten am Check-in, keine Verlustängste mehr, nur noch Handgepäck. *Traveller's Paradise.*

Allerdings erst in einer fernen, schönen Zukunft. Für heute bleibt ihm nur ein Schluckauf. Vom Weizenbier, das er sich für seinen »Verzehrgutschein« ausschenken ließ. Der Lufthansa-Angestellte schrieb die Voucher nicht, er kalligraphierte sie. Das dauerte zehn Minuten pro Zettel. Sein Bier muss Achtenmeyer jetzt binnen zweieinhalb Minuten runterstürzen, denn gleich wird geboardet. Pünktlich um 21.30 Uhr.

Mittelmaß ist Spitze

**Im Management ist Exzellenz gefragt. Doch wo bleibt
da das Gespür für den Mann auf der Straße?
Vielleicht ist die größte Herausforderung die, einfach
mal Durchschnitt zu sein.**

Dass der Sommer längst vorbei ist, bemerkte Achtenmeyer
zu spät. Dann aber gleich zweimal am gleichen Tag. Morgens, auf dem kurzen Stück vom Parkplatz zum *company*-
Eingang, erwies sich sein geliebter Anzug von Ermenegildo
Zegna plötzlich als ein wenig zugig. Und später am Nachmittag, als er sich durch seine Mails klickte, fiel ihm das
Schreiben eines Büroausstatters in die Hände. Darin waren
die Top Ten der privaten Aktivitäten während der Arbeitszeit aufgelistet – mit dem Hinweis, dass gerade »im Sommerloch« viele Menschen am Arbeitsplatz verstärkt Zerstreuung suchen.

Nun sind Achtenmeyer die Jahreszeiten herzlich egal.
Frühling, Sommer, Herbst und Winter kommen und gehen,
aber das Managen bleibt ewig, so sieht er das. Doch wie sich
der Teil der Menschheit, der nicht wie er das Glück hat, als
top-level-Führungskraft durchs Leben zu gehen, die Arbeitszeit vertreibt, das wüsste er schon gern. Schließlich ist es Teil
seiner *job description*, überdurchschnittlich durchschnittlich
zu sein. Oder zumindest darüber Bescheid zu wissen.

Und so nickte Achtenmeyer beifällig, als er auf Platz eins
der Liste »E-Mails lesen« entdeckte. Dann allerdings fiel ihm

auf, dass damit private Mails gemeint waren, und plötzlich fühlte er sich sehr einsam. Die letzte private Mail, an die er sich erinnerte, stammte aus dem Jahr 2009, Absender war sein einstiger Kommilitone Bernhard und der Inhalt war kurz und prägnant: »Hi, bin morgen in der city. Lunch?, Best, B.« Natürlich hatte Achtenmeyer die Mail nicht beantwortet, aber immerhin damit war er fast wieder *on track*: Denn »E-Mails schreiben« rangierte in der Umfrage erst auf Platz fünf, was ja nichts anderes bedeutet, als dass die anderen genauso faul sind.

Düster sah es dann wieder auf den Plätzen zwei bis vier aus (»Im Internet surfen«, »Privatgespräche führen«, »Privat telefonieren, um Termine zu vereinbaren«). Das Internet kennt Achtenmeyer selbstverständlich wie seine Westentasche, allerdings aus streng professioneller Perspektive. Nie käme er auf die Idee, einfach so aus Daffke in der Gegend herumzusurfen, er wüsste noch nicht einmal wohin. Privatgespräche führt er in Ermangelung eines nennenswerten Privatlebens keine (siehe Platz eins), und seine Termine vereinbart seine Frau oder seine Sekretärin, ganz sicher ist er sich da nicht.

Auch die zweite Hälfte des Rankings führt Achtenmeyer eindrucksvoll vor Augen, dass er den Sommer über offenbar viel getan hat, aber nicht das, was alle anderen taten. Ob »Online shoppen« (Platz sechs), »Social Networking« (Platz sieben), »Kopieren« (Platz acht), »Rauchen« (Platz neun) oder »Private Post versenden« (Platz zehn) – überall Fehlanzeige, null, nichts, nada.

So geht das natürlich nicht weiter. Ein Manager braucht Bodenhaftung, befindet Achtenmeyer; trotz der geradezu herkulischen Dimension der Aufgaben, die es zu bewältigen gilt, darf er sich niemals aus dem gesellschaftlichen Leben zurückziehen. Also ersteigert Achtenmeyer als Erstes auf eBay eine Carrera-Bahn. Wollte er immer schon mal haben. Dann ruft er seine Schwester an (privat!), und wo er schon mal dabei ist, gleich auch noch seine Frau, der er verkündet, dass er seinen monatlichen Friseurtermin von nun an selbst organisieren werde und dass sie schon mal eine Ecke im Arbeitszimmer freiräumen solle. Für die Carrera-Bahn.

Anschließend ist er derart erschöpft vom Privatkram, dass er erst mal gemütlich eine rauchen geht, am besten im Kopierraum, da kann er auch gleich noch ein paar private Unterlagen vervielfältigen. Etwas benebelt vom Nikotin und dem gleichmäßigen Surren des Kopierers, bemerkt er die Anwesenheit von Dr. Karl erst, als dieser brüllt: »Sie rauchen? Hier?? Sind Sie noch ganz dicht??« Geflissentlich ignoriert Achtenmeyer ihn und fährt nach Hause, wo ihm seine Frau zwar in höherer Stimmlage, aber inhaltlich exakt das Gleiche fragt wie sein Vorgesetzter.

Achtenmeyer lächelt zufrieden. Ein Rüffel vom Chef, Ärger mit der Gattin – heute hat er große Fortschritte gemacht auf dem Weg zur Durchschnittlichkeit.

Perception is reality

**Die Wirklichkeit ist eine ziemlich komplexe Sache.
Das wird nicht besser, wenn man versucht,
sie mit einem Bonussystem zu messen.**

Seine herausgehobene Position verdankt Dr. Karl weniger seinem MBA oder außerordentlichem Fleiß, sondern dem Talent, Sprache in ein Beruhigungsmittel zu verwandeln. »In der variablen *compensation* werden wir die Realität künftig stärker reflektieren«, hatte sein Vorgesetzter gesagt, und die wohlige Wattigkeit dieser Aussage ließ Achtenmeyer erst draußen auf dem Flur begreifen, dass sein Bonus statt aus sechs in diesem Jahr nur noch aus vier Ziffern bestehen würde.

Achtenmeyer wiederum verdankt seine nicht ganz so herausgehobene Position seinem Talent als *early adopter*. Weshalb sein *defense plot* bezüglich der zauberhaften kleinen Villa in Südfrankreich sich ganz an Dr. Karls *best practice* orientierte. »Schatz, in unserer Urlaubsplanung werden wir die Realität künftig stärker reflektieren«, eröffnete er später seiner Frau, deren Auffassungsgabe seine eigene leider deutlich *outperformt*: »Haben sie dir etwa den Bonus gestrichen? Kaufen wir jetzt doch keine Villa in Südfrankreich?« Auffassungsgabe gut und schön, dachte Achtenmeyer, aber genau dieses missmutige *mindset* ist der Grund, weshalb seine Gattin niemals Topmanagerin werden wird: Sie denkt einfach zu realistisch, anstatt sich als *opportunity-seeker* zu begreifen. So wie er selbst das tut.

Denn tatsächlich sitzen sie keinen Monat später auf der Terrasse einer zauberhaften kleinen Villa. Meerblick, Bougainvillea, frische Croissants. Achtenmeyer hat sie bei einer Haustauschbörse im Internet aufgestöbert. Wohnungstauschferien, hat er irgendwo gelesen, schmeicheln zwar ungemein dem Portemonnaie, doch »erfahrene Tauscher schätzen in erster Linie das private und einheimische Flair inmitten von Land und Leuten«. Ein Hinweis, den Achtenmeyer im Freundeskreis mit so unermüdlicher Beiläufigkeit zitiert, dass er ihn mittlerweile fast selbst glaubt. *Perception* ist eben *reality*, wie Dr. Karl sagen würde.

Wobei sich das »private Flair« in diesem speziellen Fall in recht engen Grenzen hält. Zu spät stellte sich heraus, dass die zauberhafte kleine Villa niemand anderem gehört als seinem Intimfeind Baumgarten aus dem Controlling. Ein *insight*, der Achtenmeyer zweierlei sagt. Erstens war Baumgartens Bonus in der Vergangenheit deutlich höher als sein eigener, der gerade mal für eine winzige Blockhütte ziemlich abseits des Guggenberger Weihers ausreichte. Prompt stach er vor der Abreise nach Südfrankreich dort mit seinem Jagdmesser an strategisch wichtigen Stellen (Bett, Toilette) winzige Löcher in die Teerpappe und hofft jeden Tag, dass es am Guggenberger Weiher jetzt kräftig regnet und Baumgartner ordentlich nass wird.

Zweitens, und das ist die *good news*, ist Baumgarten Südfrankreich anscheinend zu öde geworden – sein Budget aber gleichzeitig so *tight*, dass ein ordentliches Fünf-Sterne-Hotel wohl auch nicht mehr drin ist, sondern nur noch Tauschferien in Achtenmeyers rustikaler Hütte. Auch Baumgartens Bonus reflektiert jetzt offenbar wieder stärker die Realität.

Je kleiner das Auto, desto größer die Kreativität

**Wer Kosten sparen will, kann sich nicht mit Gefühlsduseligkeiten aufhalten.
Zum Glück macht Not erfinderisch – und bringt die großen Emotionen zurück.**

Wenn Achtenmeyer in den vergangenen Monaten las, dass die Krise nun auch die Realwirtschaft erfasst habe, fühlte er sich jedes Mal wie ein Partisan im dichten Wald, der nur dank immensen Massels noch nicht vom Gegner aufgespürt worden ist. In seiner Welt herrschte lange *business as usual*: Tag für Tag goss er sein Usambaraveilchen, ärgerte sich über Frau Schnitzel, die mal wieder das Wort »Milch« in »Milchkaffee« überhört hatte, und freute sich über die noch immer ganz passable *travel policy* seiner Firma. Zum jährlichen *Marketing-off-Site* flog er Business nach Dubai und ließ sich vom Chauffeurservice durch die Wüste kutschieren. Mit kleinen Gewissensbissen, zugegeben, aber die betäubte er durch besonders akribische Vorbereitung. Was leider zur Folge hatte, dass er im Meeting starr von seinen Karteikarten ablas, nervös und übernächtigt wirkte und ihn hinterher alle verschwörerisch fragten, ob er nun auch Economy fliegen müsse.

Nun ja, Tempi passati, sinniert Achtenmeyer, als er nach sechs Stunden Zugfahrt am Berliner Hauptbahnhof in einen Fiat 500 steigt. *Anchor deal* hin oder her, wurde zwei Tage zuvor barsch aus der Reisestelle gemailt, die neuen Richtlinien gelten für alle, mit freundlichen Grüßen, *end of discussion*. Jetzt also: Kostenbewusstsein, Deutsche Bahn, Carsharing – Worte, deren ihm bislang nur abstrakt bekannte Bedeutung er mit einem Mal geradezu mit Händen greifen kann. Der Partisan ist entdeckt worden.

Ein Fiat also, ausgerechnet. Auf der Liste der *company cars* tauchte die Marke bislang nicht auf, und so muss Achtenmeyer eine Weile grübeln, bis er in den hintersten Winkeln seines Gedächtnisses auf einige *brand emotions* stößt. Der Parkplatz vorm Studentenwohnheim etwa, wo sich Anna aus seinem mintgrünen Fiat 500 schälte, davonging und wieder umdrehte, immer hin und her. Lena auf dem Beifahrersitz, wie sie mühsam Pizza und Weinflasche balancierte. Und natürlich Nina, auf dem Rückweg vom Meer, als ihnen kurz hinter Amsterdam ein kaputter Keilriemen wie die komischste Sache der Welt vorkam. Lächelnd passiert Achtenmeyer die Siegessäule. Ja, Macken hatte er, sein Cinquecento, klein war er, billig und Kult.

So beschwingt hat ihn der mentale Ausflug in die Jugenderinnerungen, dass Achtenmeyer, als er das Tagungshotel endlich erreicht hat, vor lauter Lenas, Ninas, Weinflaschen und Stränden im Kopf glatt seine Karteikarten für die nächste *lead campaign* auf der Rückbank vergisst. Doch erst, als ihm Baumgarten überschwänglich für seinen *truly inspiring* Vortrag dankt, ausgerechnet dieser arrogante Controlling-Heini, der üblicherweise nur das Wort an ihn richtet, wenn er ihm den Etat kürzt, erst da fällt Achtenmeyer auf, dass er einfach drauflosgeredet hat. Gleich morgen wird er Frau Schnitzel eine Mail schreiben: Ab sofort sind nur noch Kleinstwagen gestattet. Für die Kreativität.

Kochen ist das Tennis der Nullerjahre

**Nur mit Leistung allein gelingt kein Aufstieg.
Erst ein farbenfrohes Hobby macht aus einer
08/15-Führungskraft einen Top-Manager.**

Zuerst die gute Nachricht: Erstmals seit vielen Jahren wurde Achtenmeyers Gehalt erhöht. Die schlechte: Er hat nicht den Hauch einer Ahnung, was er mit dem erhöhten *cashflow* anstellen soll. Ganz selbstverständlich war er davon ausgegangen, dass zwei Parteien den neuen Geldsegen brüderlich unter sich aufteilen würden: das Finanzamt und seine Frau.

Dann aber machte ihm ausgerechnet seine Gattin einen Strich durch die Rechnung. Sie saßen beim Italiener, die Kerzen flackerten, die Rosenblüten dufteten und die Gnocchi auch, das Leben war schön. Da sagte die Angetraute: »Weißt du, ich brauch ja eigentlich nichts. Warum nimmst du nicht das Geld und finanzierst damit ein schönes Hobby?« Achtenmeyer schaute von seinen Saltimbocca auf und grinste unsicher. »Hobby? Ich dachte, du brauchst neue Schuhe?«

Ach was, replizierte seine Gemahlin, nun bereits ein wenig ungehalten über seine Begriffsstutzigkeit. Erst ein Hobby, das habe sie neulich sowohl in der »Cosmopolitan« gelesen als auch mit der Nachbarin besprochen – »und ihr Mann ist immerhin schon CEO, wie du weißt« –, erst ein Hobby jedenfalls mache aus Männern Manager und aus Managern dann Top-Manager. Mit einem Mal ahnte Achtenmeyer, dass der italienische Abend nicht als gemütliche

Erfolgsfeier *gelabelled* war, sondern als *kick-off-meeting* für einen neuen Großangriff auf seine Komfortzone.

Schon seit längerem hat er den Verdacht, dass all die schönen bunten Dinge, die unter der *Work-Life-Balance*-Flagge dahergesegelt kommen, das Leben in Wahrheit anstrengender machen. Zu Zeiten, die Achtenmeyer nur aus TV-Dokumentationen kennt, ging man zur Arbeit, machte muffelig seinen Stiefel und widmete sich anschließend skurrilen Hobbys wie Modelleisenbahnbau oder Heckenpflege.

Heute muss nicht nur die Arbeit Spaß machen, damit das *commitment* stimmt. Auch die Hobbys sollten möglichst elegant auf den Job abgestimmt sein und im besten Fall einer ohnehin schon stattlich aufgestellten Business-Persönlichkeit dieses gewisse exotische Etwas verleihen, das aus einer Person einen Charakter macht. Ein neuer Marketingplan für die gesamte Abteilung ist ein Spaziergang dagegen, denkt Achtenmeyer bitter.

Laut sagt er: »Wie wäre es mit Tennis?« Seine Frau sieht ihn an, als habe er ihr eine Liaison mit Lady Macbeth gebeichtet. »Tennis?«, echot sie tonlos. »Tennis ist nur noch ein schlechter Witz in Weiß.« Nachdem nun dergestalt die Fronten geklärt sind (Achtenmeyer hat wie üblich keinen Durchblick, weshalb seine Frau ihm karrieretechnisch auf die Füße helfen muss), wird das *issue* fokussiert analysiert. Es scheiden aus: Fußball (zu prollig), Kite-Surfen (zu neureich), Kochen (das Tennis der Nullerjahre), Schach (zu verkopft), Segeln (»bist du nicht der Typ für«), Hockey (irgendwie auch schon wieder durch) und schließlich Oldtimer-Sammeln (»Wie hoch genau war noch mal deine Gehaltserhöhung?«).

Nach zwei Flaschen Barolo hat sich endlich ein Favorit herausgeschält: Kricket. Kompliziert genug, um einen gewissen Exklusivitätsfaktor zu garantieren, durch das Erbe von Empire und Commonwealth gleichzeitig reich an Tradition und global akzeptiert und mit genau dem richtigen Schuss Snobismus. Dazu die elegante Mischung aus Mannschaftssportart (*team spirit!*) und aggressivem Einzelkämpfer-Machotum, da sich bei aller Liebe zum Team letztlich doch alles auf das geradezu epische Duell zwischen Werfer (*bowler*) und Schlagmann (*batsman*) reduziert. Soweit die *executive summary* seiner Frau, der sich Achtenmeyer bedingungslos anschließt. Erstens weil er nicht den Schimmer einer Idee hat, worüber sie spricht, und weil er, zweitens, alle Sportarten schick findet, für die eine Menge *equipment* benötigt wird.

Solcherart versöhnt mit »seinem« neuen Hobby, sucht Achtenmeyer tags darauf den einschlägigen Fachhändler auf und kauft erst mal das Allernötigste: Trikot, weiße Schuhe mit Profilsohlen, Schläger, Helm, Handschuhe und natürlich die martialischen Beinschützer (*pads*). Da er heute früher nach Hause kommt, beschließt er seine Frau zu überraschen, zieht die komplette Montur an und räkelt sich sportlich-lasziv auf der Wohnzimmercouch.

»Wie siehst du denn aus?«, ruft die Gattin bei der Heimkehr entgeistert. »Äh, ich dachte, wegen Kricket und so …«, stottert Achtenmeyer. Doch seine Frau hat bereits wieder einen Strategieschwenk vollzogen: Ihr Nachbar, der CEO, spielt jetzt auch Kricket, »damit ist das für dich natürlich gestorben«. Am nächsten Tag werde man über Alternativen nachdenken müssen. Müde trollt sich Achtenmeyer in sein Arbeitszimmer. »Ach, und bitte bring morgen den ganzen Krempel zurück und lass dir das Geld wiedergeben«, ruft ihm die Gattin hinterher. »Ich brauche neue Schuhe!«

Strafversetzt nach Kabul

**Freund und Feind zu unterscheiden ist wichtig im
Krieg, aber wichtiger noch im Büro.
Dabei hängt der richtige Umgang mit dem Feind
von vielen Faktoren ab.
Zum Beispiel von seinen außerberuflichen Interessen.**

Die charakterliche Herausforderung für eine erfolgreiche
Führungskraft besteht darin, eine freundliche, offene Um-
gänglichkeit zu kombinieren mit der Fähigkeit, jederzeit,
und ohne mit der Wimper zu zucken, den Gegner fertig-
machen zu können.

Entsprechend würde sich Achtenmeyer niemals als nachtragend bezeichnen. Er vergibt seinen Feinden – aber er vergisst ihre Namen nicht. Wobei »Feind« in seinem ganz persönlichen Wertesystem ziemlich weit gefasst ist. Der Begriff
beginnt bei einem gewissen Ober im Au Lac (*formerly known
as his* »Lieblingsrestaurant«), der ihm einmal eine einzelne
Kirsche auf sein Vanilleeis drapierte – während sein Tisch-
nachbar zwei erhielt. Und reicht dann weiter über diverse
Kollegen, Kommilitonen und konjunktivische Liebschaften,
bis er schließlich bei schwer fassbaren Größen wie dem
Wetter, der Konjunktur oder auch der Welt als Ganzes
endet.

Über Freund und Feind führt Achtenmeyer penibel Buch,
und zwar nicht nur wie die meisten Menschen im Geiste,
sondern in einem wahrhaftigen, physisch fassbaren schwar-

zen Notizbuch von Moleskine. Da sich die Allianzen und Frontlinien quasi minütlich ändern, ist das *follow-up* seines Bündnissystems recht zeitintensiv. Aber es lohnt sich.

Wie jetzt im Fall Oberauer. Oberauer war ein geschätzter Mitarbeiter Achtenmeyers, der neben seiner gewissenhaften Art vor allem durch sein Hobby auffiel: Autos – und alles, was dazugehört. Worunter Oberauer jedoch kein klassisches Zubehör versteht (breite Schlappen, rotes Leder, Kenwood-Aufkleber in der Heckscheibe); ihn fasziniert eher die planerische Seite des Autoverkehrs. Neue Autobahntrassen, Dauerbaustellen, Stauprognosen, Verkehrslenkungssysteme – über all dies lässt sich mit Oberauer ganz wunderbar parlieren. Vorausgesetzt, man bringt ein oder besser noch zwei Stündchen Zeit mit.

Vor ziemlich genau einem Dreivierteljahr erhielt Oberauer ein Jobangebot vom Verkehrsministerium. Irgendwas mit Stabsfunktion, Leitungsebene, Achtenmeyer hat die Details sofort wieder vergessen. Finanziell hätte sich Oberauer deutlich verschlechtert. »Aber hey«, sagte er zu Achtenmeyer, »es ist das Verkehrsministerium! Ich muss das einfach machen.«

»Quatsch«, replizierte Achtenmeyer ungehalten, der sich unablässig fragte, wie er die gigantische Lücke, die der gewissenhafte Oberauer in seine Abteilung reißen würde, wieder füllen könnte. Weil ihm nichts einfiel, bombardierte er Oberauer mit Argumenten (»Denken Sie doch mal an Ihre Familie – der Umzug, die miese Bezahlung«), Schmeicheleien (»Im Ministerium sitzen nur bürokratische Sesselfurzer. Ein *dealmaker* Ihres Kalibers passt da so gut rein wie ein Pfau in eine Schar Spatzen«) und Beleidigungen (»Sie sind wohl einfach nicht tough genug für unser *up or out*«).

Nichts fruchtete. Oberauer redete von nichts anderem

mehr als von Fahrbahnmarkierungen, Brücken und Umgehungsstraßen. Nur einmal in drei Wochen nahm er eine viertelstündige Auszeit: Für das Gespräch mit dem Personalchef, der ihm ein Rückkehrrecht zusagte. Dann kündigte Oberauer und Achtenmeyer schäumte.

Einige Wochen lang lenkte er sich damit ab, Oberauers Verfehlungen (und die des Personalers) ausführlichst im Notizbuch zu beschreiben. Irgendwann jedoch tauchten neue Probleme mit neuen Feinden auf, und er vergaß die Causa Oberauer.

Bis dieser vor zwei Wochen wieder in seinem Büro stand und jammerte. Diese Bürokratie! Diese Trägheit! Nichts bewegt sich, kein Vergleich mit der *Can-do-Attitude* in der *company*! Gar nicht zu reden von der finanziellen Seite, sogar seinen geliebten Oldtimer habe er versetzen müssen, damit seine Familie über die Runden kommt. Kurz: Oberauer wollte zurück.

Achtenmeyer verzichtete auf den wohlfeilen Hinweis, dass er ihm all das vorher gesagt hatte, und griff stattdessen in die obere Schreibtischschublade nach seinem schwarzen Büchlein. Und plötzlich war alles wieder da, vor seinem geistigen Auge: Oberauers Gequatsche, seine Illoyalität, der Personalexperte, die unglückselige Option auf Rückkehr.

»Wie ich mich erinnere, haben Sie damals eine Rückkehr-Option ausgehandelt, zu gleichen Bezügen und in vergleichbarer Position«, sagte Achtenmeyer. Dabei zwang er sich, gelassen zu bleiben und den Triumph in seiner Stimme nicht zu früh von der Leine zu lassen. »Wie Sie verstehen werden, haben wir Ihre alte Stelle mittlerweile nachbesetzt, mit einer sehr guten Kraft, die ich ungern verlieren würde«, fuhr er umständlich fort, während der Triumph wütend an seiner Fessel zerrte. »Aber in unserer Länderorganisation

Afghanistan ist gerade eine Position vakant. Selbstverständlich gleiches Level, und inklusive Gefahrenzulage dürften Sie Ihr altes Gehalt sogar noch toppen. Dienstsitz ist Kabul, Ihr Flug geht nächsten Donnerstag.«

Oberauer trottete aus dem Büro, Achtenmeyer setzte ein »cc« unter die entsprechende Seite im Notizbuch und legte es zurück in die Schublade. »cc« für »*case closed*«.

Lessons learned

Aufstiegsturbo Freizeit: Ein interessantes Hobby kann karrieretechnisch hilfreich sein. Vorausgesetzt, es fügt einer fachlich und sozial kompetenten Führungskraft eine spannende Facette hinzu, die sie im Gedächtnis bleiben und als Menschen wirken lässt, der mehr Interessen als nur seinen Job hat.

Vorsicht, Hipsterfalle: Ein Hobby muss in erster Linie zur Person passen, sie ergänzen und abrunden. Finger weg von Sportarten, die gerade angesagt sind, zu denen man aber selbst keine Beziehung hat. Nur weil etwas gerade schick oder cool ist, macht es nicht jeden Blässling zum Charismatiker.

Dranbleiben: Hobby-Hopping zu betreiben, nur weil ein neuer Trend durch die Zeitläufe segelt, ist unklug. Das wirkt beliebig und opportunistisch – und signalisiert das genaue Gegenteil dessen, was ein Hobby unter Karriereaspekten eigentlich demonstrieren soll: Ausdauer und Authentizität.

Die Dosis macht's: Der Charme eines interessanten Hobbys offenbart sich am besten in beiläufig eingestreuten Bemerkungen, die jedoch streng rationiert werden müssen. Schneiden Sie bloß nicht ungefragt private Themen an oder verlieren sich in Details über Ihren letzten Wanderurlaub – deutlicher kann man nun wirklich nicht demonstrieren, dass man nicht ausgelastet ist. Lassen Sie lieber Ihr Sekretariat wöchentlich eine Liste mit Rückrufbitten von Menschen der »Kann, muss aber nicht«-Kategorie erstellen. Taucht plötzlich ein Zeitüberschuss auf, lassen Sie sich mit einem davon verbinden. Betonen Sie aber gleich zu Beginn, dass

Sie eigentlich keine Zeit haben, den *call* aber noch »rasch dazwischengequetscht« haben.

Vereinte Kraft: Positiv auffallen kann man aber auch anders als mit Polo und Schneewandern. Suchen Sie sich beispielsweise für Ihre Karriere mächtige Verbündete und Fürsprecher, gerne auch außerhalb des eigenen Unternehmens. Kunden etwa, die Ihre Arbeit loben, oder höherrangige Manager, die Ihren Namen bei passender Gelegenheit ins Spiel bringen.

Dank

Viele Menschen haben geholfen, die Kolumnen und dieses Buch lebendig werden zu lassen. Allen voran die Leser von *manager magazin, manager-magazin.de* und *SPIEGEL ONLINE*, die Achtenmeyers Abenteuer mit Anteilnahme verfolgen. Sowie die vielen Kollegen und Freunde, die mit ihren fantasievollen Tipps dafür sorgen, dass er immer wieder aufs Neue Karriere machen kann.

Besonders danken möchte ich Brigitte und Ludwig sowie Jochen Leffers und Matthias Kaufmann von *SPIEGEL ONLINE*, Angelika Mette vom SPIEGEL-Verlag, Marieke Schönian und Daniel Oertel vom Ullstein Verlag.

Mal wieder und am meisten: Kaspar, Lotta und Katrin.

Hamburg, im Sommer 2013

Alle Texte

Einleitung: Karriere machen ist ganz einfach. Nach allem, was man so hört.   S. 7

,

Martin Wehrle

Lexikon der Karriere-Irrtümer

Worauf es im Job wirklich ankommt

ISBN 978-3-548-37329-4
www.ullstein-buchverlage.de

Wenn es um Karriereplanung geht, halten sich viele für Experten: »Ab Mitte vierzig wird's eng auf dem Arbeitsmarkt«, »Praktika sind eine einzige Karrierefalle!« oder »Teamfähigkeit im Betrieb ist das A & O« sind nur ein paar der gebräuchlichsten Faustregeln. Doch Vorsicht: Dieses gefährliche Halbwissen hemmt Ihren beruflichen Erfolg. Martin Wehrle weist Ihnen den Weg aus dem Labyrinth der Karriere-Irrtümer und verrät, wie Sie die eigene Laufbahn klug und ohne Fehlschläge gestalten.

»Sein Erfahrungsreservoir ist eine Fundgrube.«
Frankfurter Allgemeine Zeitung

US349